KB243059

# 알아서 남주나?!

# 알아서 남주나?!

의학박사 한지엽 편저

rBook

# 머리말

「코가 크면 그것도 크다」

이 말을 모르는 사람은 없을 것 같다. 정말로 그럴 것이라고 굳게 믿는 사람은 이제 많지 않을 테지만, 아무 근거 없는 헛소리에 불과하다고 딱 잘라 단언할 사람도 그리 많지 않을 것 같다. 과학적인 근거가 있든 없든 간에 너무나 많이 들어서 귀에 익숙해져 있기 때문에 절대 아니라고 자신 있게 대답하기 어려운 것이다.

우리 주변에는 항상 건강이나 성(性)에 대한 「자칭 전문가」들이 있다. 설명을 듣다 보면 정말 그럴듯한 이야기가 있는가 하면, 밑져야 본전이니 한 번 실천해 보라는 무책임한 조언도 있다. 그런데 언뜻 듣기에는 황당한 그런 말도 화려한 경험담까지 곁들여지면 어떤 의사의 충고보다 더 좋은 조언처럼 들리기도 하니, 참 이상한 일이다.

그래서 그런지 각종 의학 정보는 물론이고 별별 희한한 포르노 장면마저 인터넷을 통해 흘러 넘치는 요즘이지만 수 십 년 전부터 돌아다니던 근거 없는 속설이 지금도 버젓이 사람들의 입에서 오르내리고 있음을 쉽게 볼 수 있다.

막상 몸이 아프면 얼른 병원을 찾지만, 몸이 아무 고장 없이 움직여

주는 때에는 「몸에 좋은 것은 이거, 정력에 좋은 것은 저거」라고 돌아다니는 말에 더욱 귀가 쏠리는 사람이 많은 모양이다. 그래서 지구상에 몇 마리 없는 희귀 동식물을 정력에 좋다는 말에 죄책감 없이 잡아먹는 사람이 있는가 하면, 개구리가 몸에 좋다는 말에 독이 있는 두꺼비를 잡아먹고 죽은 사람까지 나오곤 한다. 그냥 웃고 지나가면 족할 소리에 혹 하여 간혹 그것을 실천해 보려는 사람이 나오니, 건강과 생명을 다루는 의사로서는 답답하기 그지없을 때가 있다.

이렇게 된 데에는 몸의 전문가라고 할 우리 의사들의 책임도 있다고 생각한다. 의사들이 질병을 고친다는 사명과 능률에만 매달린 나머지 환자이기 전에 우리 이웃인 여러 사람들의 마음 속은 살피지 못한 탓이 없지 않은가 하는 반성을 하게 된다.

사실 「진지 잡수셨습니까」가 인사였던 시절에는 그런 정도로도 충분했을 것이다. 아프고 병든 곳을 고치는 것만 해도 큰일이었으니 말이다. 하지만 이제는 그런 때가 아닌 것 같다. 사람들은 24시간 운영하는 헬스클럽에서 보다 나은 몸을 만들려고 한밤에도 운동을 하고, 인간이 인간이기 이전부터 즐겨온 섹스는 더더욱 「인기 스포츠」로 자리 잡아 최음제라는 각종 「반칙」까지 등장하는 판국이다. 병에 걸리지 않아도 항상 몸에 대한 관심을 가지고, 몸으로 느끼는 일에도 적극적인 세대가 시대를 이끌고 있는 것이다.

이러한 흐름을 반영하듯이, 이전에는 성병 같은 병에나 걸려야 찾아올까 말까 했던 비뇨기과도 더욱 폭이 넓어져 사람들의 성(性) 고민을 나누고 해결하는 성 클리닉으로 업그레이드되었다. 그리고 해구신이니 뭐니 하는 속설을 쫓기보다는 병원으로 찾아오는 사람들도 많아졌다. 그리고 그 중 많은 이들은 깜짝 놀라는 모습을 보이기도 한다. 진성귀두확대, 변형진피이식술 등등 첨단의 의료 기술 등이 그토록 오래 숨겨온 고민을 단숨에 해결해 주기 때문이다. 그러면서 반은 푸념 섞어 말한다.

『아, 진작에 좀 알려 주지 그러셨어요. 몰랐으니까 이제까지 헤맨 거 아닙니까.』

그런 말을 듣고 돌아보니 틀린 말이 아니었다. 건강에 대한 책이 없는 것은 아니었다. 섹스에 대한 책은 오히려 너무 많다고 할 정도였다. 하지만 아쉽게도 내용이 좋은 것은 일반인들이 보기에 너무 어려웠고, 읽기 편한 것은 시중 술자리에서 떠도는 내용이나 별반 다를 바가 없을 정도로 신뢰성이 낮았다.

그래서 홈페이지(www.sexyhan.co.kr)를 통해 환자들의 고민을 덜기 위한 무료 상담을 시작했고, 이번에 그 뜨거운 호응을 바탕으로 책을 쓰고자 마음먹게 되었던 것이다.

아직도 의사라면 하얀 가운의 근엄한 표정만을 떠올리는 사람이 많아서 되도록 의사티 내지 않고 쉽고 가볍게, 일상 생활 속에서 한 번쯤 떠올려 봤음직한 궁금증을 풀어주는 차원의 글로 책을 만들어 볼 생각이었는데, 뜻대로 되었는지 모르겠다.

재미있게 읽혀서 우리의 몸에 대해 더 많은 관심과 호기심을 가져주는 자그마한 계기가 되어 준다면 어눌한 솜씨로 책을 쓰느라 애쓴 의미는 충분할 것 같다.

의학박사 한지엽

# 1 네 몸을 알라!

# 2 몸이 그대를 속일지라도 괴로워하거나 노여워하지 말라

# 3 내 몸을 알고 네 몸을 알면 백전백승하느니라

# 4 천재는 99%의 몸과
## 1%의 영감으로 이루어진다

# 1

## 네 몸을 알라

# 콱! 혀 깨물고 죽어버려?!

사극을 보면 혀를 깨물어 자살을 시도하는 모습이 나옵니다. 또 실제로도 밥을 먹다가 잘못해서 혀를 조금 깨물면 말할 수 없이 아픈데, 정말로 혀를 콱 깨물면 죽을까요?

# 차라리 접니 물을 이용하니죠

자살을 할 수 있는 생명체는 인간밖에 없다고 합니다. 그 말이 사실이라면 인간만이 제대로 도구를 사용할 줄 안다는 것과 밀접한 관련이 있을 것이라고 여겨집니다. 왜냐면 자살하려면 그것이 수면제든 총이든 간에 무언가 도구가 필요하기 때문입니다.

실제로 가장 단순한 자살 방법이라고 여겨지는 목 매달기도 줄과 목을 매달 수 있는 적절한 장소가 없다면 불가능한 일입니다.

다시 말해 스스로 자신의 목숨을 끊으려고 할 때조차 인간은 어떤 도구를 이용하지 않으면 안 되는 것입니다. 그야말로 호모 파베르(Homo faber) - 도구적 인간이라는 말이 딱 들어맞는 경우이지요.

하지만 사극 등에서는 종종 묶여 있는 사람이 최후의 발악(?)이자 최후의 수단으로 혀를 깨물어 죽으려고 하는 모습을 볼 수 있습니다. 과연 혀를 깨물면 사람이 죽을까요?

결론부터 말하자면, 죽도록 혀를 깨물어 봤자 죽을 수는 없습니다. 물론 그 아픔은 말할 수 없을 정도지만 사람이란 아프다고 죽는 것이 아니지요.

혀를 깨무는 경우, 죽음을 불러오는 요인이 될 수 있는 것은 과다 출혈로 인한 쇼크입니다. 하지만 과다 출혈로 인한 쇼크사가 되려면 최소한 체중 50kg 기준으로 대략 1.5리터짜리 패트병 한 병 분량의 피를 흘려야 합니다. 그러나 혀에는 커다란 혈관이 지나가지 않는 데다가, 입안에서 피가 엉기면서 출혈이 멈추게 되므로 혀의 상당량이 잘려 나간다고 해도 죽음에 이를 정도로 피를 흘릴 수는 없습니다.

물론, 「접시 물에 코를 박고 죽는다」는 말이 있듯이 죽을 가능성이 전혀 없는 것은 아닙니다. 잘린 혀가 목에 걸려 질식사 하는 경우도 있을 수 있겠지요. 그렇지만 그렇게 되려면 아주 꼼꼼하고 치밀하게 이빨을 움직여 혀를 완전히 잘라 버려야 하는데, 이것부터가 제정신으로는 힘든 일이 될 것입니다. 만일 이러한 일까지 가능하여 혀가 목(氣道)를 막게 되는 사태가 일어난다고 하더라도, 간단한 응급 처치로 질식에서 벗어날 수 있기 때문에 가능성은 아주 희박합니다. 다시 말해 접시 물로 자살하는 것만큼이나 어려운 일인 것입니다.


알아서 남 주나

 **「이쁜 것」들은
왜 날도 안 찌죠?**

남들하고 똑같이 먹고, 운동도 별로 하지 않는데 살이 안 찌는 사람
들을 보면 화가 날 지경입니다.

애초에 체질이 다른 사람이 있는 건가요?

 **타고 난 팔자대로 나네요**

물만 먹어도 살찐다는 사람이 있는가 하면, 밥은 물론이고 초콜릿
처럼 살찌는 음식을 입에 달고 다니는데도 살이 찌지 않는 사람도 있
습니다. 남들 보지 않는 밤에 열심히 운동하는 것이 아닌가 하는 의심
이 들 정도입니다.

사실, 살이 찌는 최대 원인은 「먹기」입니다. 요컨대, 아무리 운동을
안 해도 음식을 적게 먹으면 절대로 살이 찌지 않지요. 그렇지만 분명
체질적으로 똑같이 먹더라도 더 살이 찌는 사람이 있고, 더 적게 살찌
는 사람이 있습니다.

그렇다면 그런 체질의 차이는 어떻게 생기는 것일까요?

지방은 에너지의 저축입니다. 모든 동물들은 음식물의 공급이 끊어
질지도 모르는 비상 사태를 대비하여 당분간 먹지 않고도 살 수 있도
록 에너지를 저축해 놓게 됩니다. 그리고 인간에게는 그 저축 방법이
온몸에 있는 지방세포인 것입니다. 이 지방세포는 마치 쫄바지처럼
신축성이 좋아 빵빵하게 부풀어 오를 수 있는 구조를 가지고 있습니

다. 그래서 몸에서 쓰고 남아도는 칼로리를 지방으로 바꾸어 듬뿍 저장해 둘 수 있는 것이지요.

이러한 지방세포는 어른이 약 250~500억 개 정도를 가지고 있다고 알려지고 있습니다. 여기서 그 숫자를 잘 보시기 바랍니다. 250~500억 개. 그러니까 최대 2배의 개인적 차이가 있을 수 있다는 것입니다. 이러한 놀랄만한 세포 수의 차이가 바로 살이 잘 찌는 체질과 그렇지 않은 체질의 주요한 원인으로 알려지고 있습니다.

그러면 지방세포를 줄이면 되겠네, 하고 생각할 수도 있지만 유감스럽게도 아무리 운동을 하고 별별 희안한 다이어트를 해도 이 세포의 숫자는 절대로 줄지 않습니다. 살이 빠지면 그만큼 지방세포 하나하나도 날씬해지고, 반대로 살이 찌면 지방세포도 그만큼 부풀어 오를 뿐인 것입니다.

그렇다고 지방세포를 줄일 수 있는 방법이 아주 없는 것은 아닙니다. 지방흡입술이라고 알려진 수술을 통해서 지방세포를 몸 밖으로 뽑아낼 수 있는 것입니다. 그러나 몸안의 세포를 강제적으로 뽑아내는 방법이므로 한꺼번에 많은 체중을 줄일 수 없다는 한계를 가지고 있습니다.

살이 잘 찌는 체질의 또 다른 요인으로, 췌장에서 분비되는 인슐린이라는 호르몬을 들 수 있습니다. 인슐린은 공복중추를 자극하여 식욕을 불러일으키는 물질 중 하나인데, 지방이 에너지가 되는 것을 억제하는 작용도 가지고 있습니다.

그러므로 인슐린의 분비량이 많은 체질의 사람은 계속 음식이 먹고 싶어져 많이 먹게 될 뿐더러, 그 먹은 음식들이 쉽게 지방으로 쌓이게 되므로 비만이 되기 쉬운 것입니다. 왕성한 식욕에, 먹은 족족 살이 된다니, 그야말로 최악의 체질인 것이지요.

 알아서 남 주나

그러나 아무리 살이 찌지 않는 체질이라고 해도 남보다 더 많이 먹고 남보다 더 운동을 하지 않는다면 건강하고 섹시한 몸이 유지될 리 없습니다. 반대로 쉽게 살찌는 체질이라고 해도 자신의 노력에 따라서 얼마든지 최고의 몸매를 유지할 수 있겠지요. 실제로 세계적인 여자 모델 가운데에는 체질의 핸디캡을 노력으로 극복한 사람들이 많다고 합니다.

타고난 체질은 어쩔 수가 없습니다. 하지만 꾸준히 몸매 관리를 하는 사람을 당해낼 사람도 없지요. 원래 「독한 것」들이 무서운 법이라지 않습니까.



지방세포는 아기일 때와 사춘기 때, 딱 두 번에 걸쳐 늘어난다. 이 때 정해진 세포 수가 평생을 가는 것.

아기는 물론이고 사춘기 때 영양이 과다하면 지방세포가 필요 이상으로 증식되어 평생을 뚱보로 살기 쉽다. 그렇다고 어린아이들을 함부로 다이어트시키면 신체 발육에 막대한 지장을 초래하므로 절대 금물.

결론적으로, 어릴 적부터 골고루 먹고 열심히 운동하면 평생 건강의 바탕이 되는 것이다.

# 한 잔만 마셔도 취할 수 있나?

술 한 잔 하자는데, 한 잔만 마셔도 취한다고 피하는 사람이 있더군요. 주량이야 저마다 틀리겠지만, 정말로 한 잔만 마셔도 취할 수 있을까요?

# 경계형 인간이 정말로 있습니다

주량이 사람마다 다르다는 것은 누구나 아는 사실입니다. 아무리 술을 마셔도 아무렇지 않은 사람이 있는 것처럼 술 냄새만 맡아도 취한다는 사람도 분명 있습니다.

술에 강한 사람과 약한 사람의 차이는 어디에 있는 것일까요?

알코올은 위와 창자에서 흡수되어 혈액 속에 들어간 다음 간에서 분해됩니다. 그런 과정 속에서 발생하는 것이 아세트알데히드라고 하는 성분으로, 바로 이 물질이 신경계를 자극해서 술 마신 다음날 두통이나 구역질을 일으킵니다. 당연히 몸에 해로운 물질이므로 우리 몸에서는 몸 바깥으로 밀어내기 위해 노력합니다. 체내의 효소를 이용하여 이산화탄소와 물로 분해시켜 배출시키는 것이지요. 그렇지만 분해 능력이나 속도가 술 마시는 속도를 따라갈 수는 없으므로 완전히 분해되지 않은 아세트알데히드가 남고, 숙취가 생기기 마련입니다.

따라서 아세트알데히드를 분해하는 효소를 많이 갖고 있는 사람일수록 취하면서 느끼는 불쾌감을 적게 느끼고, 또 상당히 시간이 흐른

다음에 느끼게 되므로 술에 강하게 됩니다.

이런 효소의 보유량은 유전적으로 결정되는데, 같은 양의 술을 마셔도 아세트알데히드 농도가 사람에 따라 10배 이상 차이가 나기도 합니다. 술로 단순하게 계산한다면, 어떤 사람은 소주 1병 반을 마셔야 좀 올라온다고 느끼는 데 반해 어떤 사람은 한 잔을 마셔도 취한다는 이야기가 되는 것입니다.

심지어 알코올에 알레르기를 지닌 사람도 있습니다. 이런 사람은 술 한 잔에도 정신을 잃고, 심하면 죽을 수도 있습니다. 그러니 한 잔만 마셔도 취한다는 말은 충분히 사실일 수 있는 것이지요.

어차피 취하려고 마시는 술. 한 잔 술에 취할 수 있다면 돈도 절약되고 시간도 절약되니 좋은 일 아닐까요?

# 눈과 귀는 왜 세트로 있죠?

늦잠 잔 아침에 황급히 눈화장을 하다가 생각이 났습니다. 모든 사람들의 눈이 하나라면 화장하는데 시간도 덜 들텐데 하고요. 코나 입은 하나인데, 왜 눈과 귀는 두 개씩이죠?

# 아무래도 하나 보다는 둘이 낫겠죠

눈화장에 시간이 더 든다는 것은 유감이지만, 사실 눈이나 귀가 둘씩 있어서 손해 보는 일은 거의 없지요. 오히려 눈이 하나라면 눈병이 나서 안대라도 하면 장님이나 마찬가지로 앞을 못 보게 되므로 외출도 불가능하게 되지 않겠습니까?

그렇다고, 스페어 타이어처럼 비상시에 사용하라고 눈이나 귀가 두 개인 것은 아닙니다. 비상용이라기보다는 보다 자세하게 보기 위해서, 혹은 보다 정밀하게 듣기 위해 두 개를 갖추고 있는 것입니다.

실험 삼아 한 눈을 감고 계단을 올라 보십시오. 평소와는 달리 척척 올라갈 수 없음을 금방 알 수 있습니다. 원근감, 입체감이 없어지기 때문입니다. 이처럼 눈이 두 개 있는 것은 원근감이나 입체감을 간파하여 사물의 형태를 정확하게 파악하기 위함입니다. 좌우의 눈 간격에 의해 각각 다른 위치에서 포착된 두 개의 영상은 뇌를 통해 하나의 영상으로 합쳐지고, 그제야 비로소 좌우 영상의 위치 차이를 계산하여 입체감이나 원근감을 느낄 수 있는 것입니다.

귀의 경우도 마찬가지입니다. 만일 두 개가 아니라면 입체감은 물론이고 어느 쪽에서 소리가 들리는지조차 알기 어려울 것입니다. 뇌는 좌우 두 개의 귀를 이용해서 어느 쪽이 강하게 들렸느냐를 비교함으로써 상하좌우 어느 쪽에서 소리가 나는지 감지해내기 때문입니다.

그러면 왜 하필이면 눈이나 귀만 예민하게 작동하도록 두 개일까 하는 질문을 할 수도 있을 것입니다. 이는 눈이나 귀의 감각이 생명과 관계된 기능이기 때문이라고 보는 견해가 많습니다. 적이 다가오거나 위험을 피하기 위해서는 보다 정밀한 시각이나 청각이 필요하기 때문이라는 주장입니다.

이에 반해 입 같은 것은 하나만 가지고 있어도 생존하는 데 전혀 불편이 없으므로 두 개까지 발달될 필요가 없었다는 것입니다.

그런데, 현재의 모습을 보면 먹는 데에서 삶의 즐거움을 찾는 사람이 많아지고, 먹는 일 외에 다른 데(?)에 입을 활용하는 사람들이 늘고 있더군요. 그렇다면 먼 미래 사람들의 입은 두 개가 될 수도 있지 않을까요?

# 6만 5천 색상?
# 그거 다 구분할 수나 있나요?

요즘 유행하는 컬러 핸드폰을 사니, 6만 5천가지 컬러가 나온다고 하더군요. 그런데 왜 하필이면 6만 5천이죠? 그게 사람 눈의 한계인 가요?

# 그거 다 구분하면서
# 어떻게 날겠어요

먼저, 사람이 색을 어떻게 느끼는지부터 설명해야겠군요. 색이란 눈으로 들어온 빛이 망막에 맺히면서 뇌에 전달되는 자극입니다. 그때 빛이 지닌 파장의 차이가 색의 차이로 느껴지는 것이지요.

이렇게 색을 판별하는 것은 망막에 있는 원추세포라는 시세포입니다. 그러나 이 원추세포는 밝은 곳에서만 색이나 모양을 구별할 수 있고 빛이 없는 어두운 곳에서는 제 능력을 발휘할 수 없습니다. 쉽게 말해 깜깜하면 아무 것도 보이지 않는다는 것입니다. 그래도 약간의 빛이 있으면 밝기나 모양은 구별할 수 있는데, 이는 간상세포라는 또다른 시세포가 보조하고 있기 때문입니다.

하지만 인간은 한정된 범위의 빛의 파장만 느낄 수 있기 때문에 식별할 수 있는 색도 정해져 있습니다. 빨간색, 주황색, 노란색, 초록색, 파란색, 남색, 보라색 등 7가지 기본색과 그 중간색들입니다. 이렇게 구분할 수 있는 색은 약 165개 정도라고 합니다. 그러나 한편으로는 느끼는 빛의 파장 범위에는 개인차가 있기 때문에 최대 10만 색까지

 알아서 남 주나

차이를 구별할 수 있다고 주장하는 학자도 있습니다.

　그렇다면 휴대폰 광고 등에 나오는 6만 5천이라는 색상수는 무슨 근거로 나온 숫자일까요? 이것은 사람의 색상 판별 능력과는 별개로, 디지털 처리에 따른 산술적인 계산에 불과한 숫자입니다. 6만 5천 색상이란 16비트 신호 처리를 한다는 의미로서 2의 16승 - 65,536을 간단하게 줄여 표현한 것일 뿐입니다.

　만일 그렇게 많은 색깔들을 구분할 수 있는 능력이 있다고 한들, 안 그래도 바쁘고 복잡한 세상에 6만 5천가지 색깔이나 따지고 있을 시간이 어디 있겠어요?

# 대머리는 어디까지를 얼굴이라고 하나요?

　자꾸 빠지는 머리카락을 보다가 한 가지 궁금한 점이 생겼습니다. 보통 머리카락이 난 곳을 머리라고 하잖아요? 그런데 머릭카락이 다 빠져서 대머리가 되면 얼굴과 머리를 어떻게 구분하죠?

# 쓸데없는 데 신경 쓰지 말고 모발 관리에나 힘쓰네요

　보통 머리카락이 나 있지 않은 부분을 얼굴, 머리카락이 나 있는 부분을 머리라고 부르고 있습니다만, 머리숱이 적어져 이마가 넓어지면 머리와 얼굴의 경계가 애매해지고 맙니다.

　머리가 조금이라도 남아 있거나 하다못해 모근이라도 남아 있으면 그나마 대략 얼굴과 머리를 구분할 수 있겠지만, 그렇지도 않은 사람은 정말이지 얼굴과 머리를 구분하기 어렵습니다. 세수할 때 손 닿는 데까지는 얼굴이고 그 너머가 머리라는 말이 있습니다만, 그것은 우스개일 뿐이지요.

　그러나 해부학적 관점에서는 분명한 기준이 있습니다. 두개골의 골격을 이용하여 머리와 얼굴을 나누는 것입니다. 두 눈썹 사이의 코가 시작되는 부분에서 눈썹을 지나 귓구멍에 이르는 곡선을 그려 보십시오. 그 곡선 아래를 해부학에서는 얼굴이라고 합니다. 그렇게 보면 이마가 남는데, 이마는 전두부(前頭部)라고 하여 해부학에서는 머리에 포함되는 것으로 간주합니다. 이마까지 얼굴이라고 받아들이는 일반적인 생각과는 조금 다른 부분이지요.

　어쨌거나 해부학의 기준을 동원해야 머리와 얼굴을 나눌 수 있을 정도라면 명백한 대머리라고 해야겠지요. 대머리가 신체적 장애는 아니지만, 미용적으로 바람직한 모습도 아니니 한 올이라도 더 남아있을 때 모발 관리에 힘쓰시는 편이 좋을 것 같네요.

# 「빛나리」와 「배불레햄」, 어느 쪽을 더 싫어할까요?

여자들이 무조건 눈을 돌려 버리는 것이 대머리와 뚱보라는데, 그래도 둘 중 하나를 고르라고 하면 과연 어느 쪽을 선택할까요?

# 그런 선택이야말로 여자들의 악몽이지요

나이가 들어 머리숱이 적어지고 배가 나오는 것은 봐줄 수 있지만 중년이 되기도 전에 대머리가 되거나 뚱보가 된 남자들을 보면 웬만한 여자들은 용서해 주지 않는 것 같습니다.

특히 여름이 되어서 손수건으로 대머리의 땀을 닦는 남자나 웃옷이 젖을 정도로 땀을 흘리고 있는 뚱보를 보면 혐오감마저 든다고 하는 것이 요즘 여자들의 시각입니다. 남자들 역시 여자의 얼굴과 몸매로 사람을 따지려드는 경향이 있으니 「외모만 보고 평가하지 말라」고 나무랄 수만도 없는 일입니다.

그렇다면 여자들에게 대머리와 뚱보 중에서 그나마 나은 쪽을 고르라고 하면 과연 어느 쪽을 고를까요?

정확한 통계 자료가 나온 것은 아니지만, 이런 경우에는 뚱보 쪽을 고르는 여자가 많습니다. 대머리는 유전적이고 치료도 불가능하지만 뚱보는 확실하게 다이어트를 하면 나아질 수도 있다는 과학적인 판단을 바탕으로 그런 선택을 내리는 여자도 있고, 대부분의 비만형 남자가 성격이 유순하다는 체험을 바탕으로 그런 선택을 하는 여자도 있는 것 같습니다.

하지만 분명한 것은 대머리든 뚱보든 가능한한 피하고 싶다는 마음이라고 해야 할 것입니다. 사실 대머리도 가발을 포함해서 모발 이식 수술 등 여러 가지 방법으로 보완할 수 있습니다. 더구나 비만은 자기 관리를 통해 언제든지 일반적인 사람들의 체형을 가질 수 있습니다.

여자들이 제일 싫어하는 남자란, 결국 아무 노력도 하지 않는 그런 사람이라고 해야겠지요.

# 털 vs. 털은?

좀 지저분한 얘기지만, 머리칼과 다른 부분의 털들은 보기에도 조금 다르지 않습니까? 아무래도 아래쪽 털(?)이 좀 억세 보이기도 하는데, 실제로는 어느 쪽 털의 강도가 더 강한가요?

# 1 대 1 대결을 시켜 보면 압니다

사람은 손바닥·발바닥·입술·외음부의 일부를 제외한 전신의 피부에 털이 나 있습니다. 그리고 털이 난 부위에 따라서 머리털·수염·액모(腋毛)·음모(陰毛)·눈썹·속눈썹·코털·이모(耳毛)·체모(體毛) 등으로 구별합니다.

이 중에서 대표적인 털(?)인 머리털과 음모 중 어느 쪽이 더 강하냐 하는 것은 과학적인 설명 이전에 직접 대결시켜 보면 쉽게 알 수 있습니다.

즉, 자신의 머리털과 음모를 하나씩 뽑은 다음에 쇠사슬처럼 서로 교차시켜 잡아당겨 보는 것입니다. 단, 두 털의 길이를 같게 해야 공평한 싸움이 됩니다. 이렇게 몇 번 대결시켜 보면 금방 알 일이지만, 먼저 끊어지는 쪽은 음모입니다.

이는 머리털과 음모의 생김새가 다르기 때문에 생기는 결과입니다. 다 자란 머리털의 단면은 거의 원형에 굵기도 균일하지만, 음모는 곱실거리는 데다가 단면도 비틀린 타원형입니다. 그러므로 잡아당기면 어느 약한 쪽에 힘이 집중되어 쉽게 끊어지기 마련이지요.

　물론 예외도 있을 수 있습니다. 잦은 염색이나 파마로 상한 머리칼은 음모보다 쉽게 끊어질 수도 있습니다. 각종 화학 물질로 손상된 머리털과는 달리 음모는 천연 그대로의 건강을 유지하고 있을 테니까요. 설마 그쪽까지 파마하고 염색하는 사람은 없겠지요?



　머리털의 성장은 여성 호르몬에 의해 촉진된다고 밝혀져 있다. 반대로 음모는 남성 호르몬이 작용한다.

　그러므로 여성 호르몬이 부족할 일이 없는 여자에게는 대머리가 없지만, 대신 남성 호르몬이 부족하여 음모가 없는 경우가 생긴다. 반대로 남자는 여성 호르몬이 부족하고 남성 호르몬은 왕성하여 대머리가 될 수는 있지만 남성 호르몬 탓에 오히려 음모의 숱은 많기 마련이다.

# 힘 닿는 데까지
# 낳아 보자고 하는데요

결혼을 약속한 사람이 유독 아이를 좋아해서 「힘 닿는 데까지 낳아 보자」고 합니다. 정말로 힘 닿는 데까지 낳으면 대체 몇 명이나 낳을 수 있을까요?

# 열심히 만 한다면야…

이제까지 보고된 출산 최고 기록은 69명입니다. 이는 러시아 농가 부인의 기록으로 상당히 오래된 기록이지만 아직까지 깨지지 않고 있는 세계 신기록으로 기네스 북에 기록되어 있습니다.

1707년에 태어난 페오도르 바실예브라는 그 여자는 출산 횟수도 27번으로, 부지런하기도 했지만 쌍둥이 16번, 세쌍둥이 7번, 네쌍둥이 4번으로 쌍둥이 출산도 많아서 그렇게 놀라운 기록을 세울 수 있었던 것입니다. 더욱 놀라운 것은 그 아이들 중 단 2명을 제외하고 모두 살아 남았다는 사실입니다.

이는 아주 희귀한 기록이지만, 보통 사람도 엄청난 노력으로 매년 임신을 한다면 한 20명 정도는 낳을 수 있으리라 생각됩니다. 물론, 어떻게 키우느냐 하는 경제적인 「힘」은 제외한 예상치입니다. 낳는 데 힘 쓰는 것만 생각할 게 아니라, 키우는 데 드는 힘도 생각해서 가족 계획을 짜셔야 할 것 같습니다.

 알아서 남 주나

# 남자 몸과 여자 몸, 어느 쪽이 더 비쌀까요?

만약 남자의 몸과 여자의 몸을 만들어 팔 수 있다면 어느 쪽이 더 비쌀까요? 호스트 바에서의 남자 몸값이 룸살롱의 여자 몸값보다 비싸다던데, 역시 남자 몸이 비싸지 않을까요?

# 디자인으로 보나 기능으로 보나

유전공학을 비롯한 여러 과학이 발전되면서 인간의 장기를 대체할 수 있는 단계에 이르고 있는 것이 현대입니다. 실제로 내장·뼈·근육·혈액·피부 등등을 인공적으로 만들 수 있습니다. 각 장기가 담당하고 있는 기능이나 역할이 비교적 명확한 만큼 공학적인 방법으로 만들어내기 쉬운 것입니다. 실제로도 신장·심장·췌장·폐·혈관·기관·식도·뼈·피부·혈액 등 다방면에 걸쳐 인공장기나 대체물이 사용되고 있습니다. 그러나 아직도 수수께끼의 영역으로 남아 있는 뇌는 흉내조차 낼 수 없으므로 실제 인간을 인공적으로 구성한다는 것은 불가능합니다.

그럼에도 불구하고 지금까지의 기술을 바탕으로 가능한 영역까지 인간의 몸을 만들어 본다면 얼마나 들까요? 우선 남성의 몸은 약 80억원 정도로 추산되고 있습니다. 비싼 것 같지만 여성의 몸과 비교하면 그렇지도 않습니다. 여자의 몸은 월경을 조절하는 호르몬 단 1g을 만드는데만도 70억원 이상이 든다는 계산이 나오니까요. 여기에 모유를 만드는 호르몬에 이르러서는 260억원이 든다고 합니다. 한 마디로 여자의 몸은 돈으로 계산할 수 없을 정도라는 것이죠.

여자의 몸은 또 다른 인간을 생산해 낼 수 있는 생산 기능까지 겸비한 「고성능 제품」이므로 비쌀 수밖에 없다는 것이 과학적인 계산 결과입니다.

더구나 미래의 디자인은 모두 유선형. 디자인적으로도 여자 쪽이 앞서 있다고 할 수밖에 없다는 의견이 강합니다. 이러니 데이트 비용은 당연히 남자가 내야 한다고 여자들이 「비싸게 구는」 것도 당연하지 않을까요?

# 피는 빨간색, 근데 왜 혈관은 파랗게 보이죠?

피는 분명 빨간색, 그런데 손등을 보면 혈관이 파랗게 보입니다. 어렸을 때는 그게 힘줄인 줄 알았는데 그건 아닌 거 같고. 도대체 파랗게 보이는 이유가 뭐죠?

# 일종의 화장발이라고나 할까요

분명 사람의 피는 빨간색입니다. 그렇지만 손등이나 손목 등에 보이는 혈관은 파랗게 비쳐 보입니다. 과연 이 혈관 부분을 자르면 어떤 색의 피가 나올지…. 설마 거기서 파란색 피가 흘러나올 거라고 생각하는 사람은 없겠지요?

혈관은 산소와 영양을 담고 심장에서 출발하는 깨끗한 혈액이 흐르는 동맥과 이산화탄소와 노폐물을 담고 심장으로 향하는 정맥으로 나뉘어집니다. 이렇게 한 마디로 같은 피라고 해도 담겨 있는 내용물이 다른 만큼 동맥과 정맥을 흐르는 피는 색깔부터 다릅니다. 동맥을 흐르는 혈액은 선명한 붉은 색이지만, 정맥의 혈액은 검붉고 칙칙한 것입니다. 이중에서 우리가 눈으로 볼 수 있는 혈관은 정맥으로, 정맥은 몸의 표면 가까이로 지나가기 때문에 손목이나 팔 다리에 드러나 보입니다.

문제는 왜 검붉게 보이지도 않고 파랗게 보이느냐 인데, 이것은 일종의 화장발과 같은 것입니다. 정맥 속을 흐르는 혈액은 검붉지만 그

위에 살색의 피부가 덮고 있기 때문에 두 색이 겹쳐지면서 파르스름하게 보이는 것입니다.

이렇게 피부 때문에 혈관의 색이 파랗게 보이기도 하지만, 반대로 피부 밑을 지나는 혈관과 혈액의 산소 함유량에 따라 피부 빛깔이 달라 보이기도 합니다. 예를 들어, 일반적으로 산소가 많이 포함된 건강한 피가 흐르면 피부도 연한 분홍색을 띠고, 산소가 모자라는 상황에서는 얼굴도 창백한 빛을 띠게 됩니다. 새파랗게 질린다는 말 또한 공포나 충격으로 산소 공급이 원활하게 이루어지지 않아 얼굴색이 변하는 과학적 현상에 바탕을 둔 표현인 것입니다.

물론 이것은 자연 상태에서의 이야기로, 가면에 가까울 정도로 두껍게 화장을 한 사람에게서는 관찰할 수 없는 현상이지요.

# 하이힐을 신으면
# 정말로 다리가 예뻐지나요?

하이힐을 실제로 신어 보면 키도 커 보이고 다리도 예뻐 보입니다. 계속 신고 있으면 다리는 아프지만 다리 근육이 그렇게 굳어져서 다리가 예뻐진다는 말도 있는데, 정말인가요?

# 그래서 예뻐진다면야
# 잘 때도 신을 테지만…

여자라면 누구나 가지고 있는 하이힐. 이 굽 높은 구두는 키가 커 보이게 해줄 뿐 아니라 다리를 길어 보이게 하고, 골반을 뒤로 기울여 힙을 올려줌으로써 섹시한 모습을 연출해 줍니다. 또 종아리 근육의 긴장을 줄여 다리를 가늘어 보이게 해 주기까지 합니다.

그러나 신어 보지 않은 남자들은 모를 어려움도 있습니다. 우선 끝이 뾰족한 경우가 많아 발이 아픈 것은 기본이고, 오래 신으면 굳은살이 생기며 심지어 발가락이 안으로 굽기까지 합니다. 또 척추에도 상당한 부담을 주고, 관절염을 일으키기도 합니다.

이런 여러 가지 불이익에도 불구하고 다리만 예뻐진다면 잘 때도 신고 자겠다고 생각하는 여성분도 적지는 않을 것입니다. 하지만 실제로는 하이힐을 오래 신으면 다리의 정맥압을 감소시켜 다리를 쉽붓게 만들고 근육 피로를 일으켜서 다리 모양에도 나쁜 영향을 미친다는 연구 결과가 이미 나와 있습니다.

오히려 걸음걸이가 자연스러워서 다리 운동을 노릴 수 있는 낮은 굽 – 로우힐 쪽이 장기적으로는 예쁜 다리 만들기에 도움이 됩니다.
　참고로 여성용 하이힐이 만들어진 시기는 프랑스의 루이 왕조 시대로, 불륜을 저지르고 야반도주하는 것을 막기 위한 방편으로 만들어졌다고 합니다. 그 당시 사람들은, 급할 때는 신발을 벗어 들고 뛸 수도 있다는 사실을 몰랐던 것일까요?

 알아서 남 주나

# 친구가 심하게 이를 가는데…

도대체 누구한테 그렇게 원한이 많아 이를 가는 것인지…. 옆에 누운 사람은 도저히 잠을 잘 수 없을 정도로 이를 갑니다. 도대체 왜 이를 가는 걸까요? 이를 갈지 못하게 하는 방법은 없나요?

# 이를 다 뽑아 버리면 되겠지만…

들어 본 사람은 알겠지만 코 고는 소리는 이 가는 소리에 비하면 저리 가라입니다. 저러다가 이가 부러지지 않을까 싶을 정도로 무시무시하게 큰 소리로 이 가는 소리를 듣다 보면 끝내는 화가 나서 이를 몽땅 다 뽑아버리고 싶어질 정도입니다.

이런 이 갈기가 일어나는 원인은 인간이 무의식중에 이를 맞물려는 버릇을 갖고 있기 때문입니다. 모든 사람들이 자면서도 무의식 중에 이를 맞물려고 노력하는데, 이 때 이가 잘 맞물리는 사람은 별 문제가 없지만 이가 잘 맞물리지 않는 사람은 어떻게든 잘 맞물어 보려고 노력하는 와중에 요란한 소리가 나는 것입니다.

이러한 이갈기는 보통 얕은 수면 상태에서 많이 나타납니다. 그리고 마치 코를 골 때처럼 호흡도 불규칙해지고 심장 박동수도 증가하며 경우에 따라서는 꽤 오랫동안 호흡이 정지하는 경우도 있습니다. 이에도 상당한 힘이 가해져서 이가 마모되거나 다른 잇몸병의 원인이 되기도 하므로 이를 가는 본인에게도 결코 좋은 습관이 아닙니다.

　심한 경우라면 당연히 병원에 찾아가 상담을 해야겠지만, 그렇지 않은 경우라면 편한 마음으로 깊은 잠에 들 수 있도록 유도하는 것도 좋은 치료 방법입니다.

　부부라면 두 사람이 완전히 골아 떨어지도록 「밤일」에 열중해 보는 것이 좋은 방법이 될지도 모르겠군요.

# 콘돔에도 사이즈가 있나요?

통신 판매로 콘돔을 구입하려고 보니까 참 다양한 종류가 있더군요. 특수형이니 야광이니…. 그런데 막상 사이즈를 보면 별다른 설명이 없습니다. 하다못해 신발이나 양말에도 저마다 사이즈가 있는데, 콘돔에는 사이즈가 없나요?

# 고무줄 바지에도 허리 사이즈가 있던가요?

한 여자가 약국에 들어서서 대형 사이즈의 콘돔이 있는지 물었다.
「예, 있습니다. 드릴까요?」
약사가 묻자 여자가 대답했다.
「아니에요, 그런데 저.. 여기 앉아서 누가 그걸 사가는지 좀 보면 안 될까요?」
「……」

이것은 물론 우스개입니다. 하지만 실제로 콘돔을 사려다 보면 그 현란하고 창조적인 디자인에 놀라지 않을 수가 없습니다. 그 종류가 대략 800종이라고 하니까, 종류별로 하나씩 써 보는 것조차 어려울 지경입니다. 요즘에는 모양뿐 아니라 향기에까지 신경을 써서 딸기향 콘돔 같은 상품도 있더군요.

그렇지만 막상 콘돔의 사이즈는 별로 중요하게 여겨지지 않습니다.

그도 그럴 것이, 콘돔을 사용하는 「곳」의 사이즈가 그리 엄청난 개인 차이를 보이는 곳이 아닌 데다가, 콘돔 자체가 신축성이 아주 좋은 라텍스라는 재질로 되어 있어서, 사이즈를 의식하지 않고 그냥 「콘돔 주세요」하고 사다 써도 불편함이 없기 때문입니다. 고무줄 바지에 허리 사이즈가 달리 없는 것과 마찬가지라고 이해하면 쉬울 것입니다.

그렇다고 콘돔에 사이즈가 아주 없는 것은 아닙니다. 흔히 쓰이는 것은 일반형이지만 그 외에도 대형과 소형이 있습니다. 그리고 똑같은 일반형이라고 해도 제조 회사별로 약간의 차이가 있기도 합니다.

성인용품의 인터넷 판매가 늘어나면서 수입 제품도 많이 쓰이는데, 주의할 점은 수입 제품의 경우에 일반형이라고 해도 우리나라 일반형과는 상당한 사이즈 차이가 있을 수도 있다는 것입니다. 인종에 따라 남성 성기의 표준치가 다르므로 일반형 콘돔의 사이즈도 달라지지기 때문입니다. 잘 보이지 않는 물건이지만, 역시 국산품을 애용하는 것이 좋겠지요?



참고로 국내 모 회사의 콘돔 사이즈는 다음과 같다.
대형 - 길이 205mm 이상, 폭 57mm
일반형 - 길이 180~200mm, 폭 53mm
소형 - 길이 170mm 이상, 폭 49mm
덧붙여, 이 사이즈는 콘돔의 실제 치수이지 콘돔을 사용하는 남성의 사이즈는 아니다.

# 운전사는 왜 멀미를 안 하죠?

멀미가 좀 심해서 비포장도로를 달리는 시골 버스만 타면 바로 토하고 싶어질 정도입니다. 그런데 운전하는 사람이 멀미하는 모습은 본 적이 없는 것 같습니다. 멀미가 있는 사람은 운전사로 뽑아주지 않기 때문인가요?

# 운전면허 시험에 멀미 참기 과정이 있던가요?

먼저 멀미가 생기는 이유부터 이해할 필요가 있겠지요.

사람을 비롯한 동물의 뇌는 항상 몸이 어떻게 움직이고 기울어지는지를 감지하고, 그 정보를 바탕으로 척수의 운동신경으로 명령을 보내 몸이 평형을 유지할 수 있도록 조종합니다. 그런데 사람이 스스로 몸을 움직여 자리에 앉거나 서는 등의 일을 할 때에는 그런 뇌의 조정으로 충분하지만 자동차나 배와 같은 탈 것에 타면 이러한 뇌의 시스템에 장애가 생기기도 합니다.

다시 말해, 탈 것에 의해 몸이 흔들리는 것을 뇌는 「몸이 움직이고 있다」고 착각한 나머지 몸을 원래대로 돌려놓으라고 명령을 내리는 것입니다. 그렇지만 본래 몸이 움직여서 일어난 자극이 아니기 때문에 몸은 움직임을 멈추라는 명령에 따라주고 싶어도 따라 줄 수가 없겠지요. 그러면 뇌는 혼란을 일으키고, 그 영향으로 기분이 나빠지는데, 그것이 바로 멀미라는 증상입니다.

　질문으로 되돌아와서, 만일 운전 중에 운전수가 멀미를 한다면 어떻게 될까요? 구토와 어지러움으로 인해 음주 운전보다도 치명적인 위험을 가져올 수 있을 것입니다. 정말로 그렇게 운전자가 멀미를 할 수 있다면 애초에 운전면허 적성검사를 통해 멀미 잘 하는 체질은 제외시켜야 하겠지요. 하지만 알다시피 운전면허 적성검사에는 멀미에 대한 검사가 없습니다. 아무리 멀미를 잘 하는 사람이라고 해도 자신이 직접 운전을 하는 경우에는 멀미를 하지 않기 때문입니다.

　왜 운전을 하면 멀미를 하지 않을까요? 그것은 자신이 직접 차를 운전하면 차의 움직임이나 그것에 반응하는 몸의 움직임을 스스로 예측할 수 있고, 그러한 예측에 의해 뇌 또한 혼란을 일으키는 일 없이 올바른 정보 처리를 할 수 있으므로 멀미가 일어나지 않는 것입니다.

　「조수석에 타면 멀미를 하지 않는다」라는 사람도 있는데, 실제로 운전석 옆자리에 앉으면 도로나 차의 움직임을 한 눈에 볼 수 있어 운전을 하는 사람과 마찬가지로 예측이 가능하므로 멀미 방지에 큰 도움이 되기도 합니다.

　멀미가 심해 버스나 택시를 타기 힘들다는 분, 자신이 직접 운전대를 잡는 것이 가장 빠르고 효과적인 대처 방법입니다. 그렇다고 「아빠, 나 멀미 심하니까 차 한 대 뽑아 줘~」라고 하는 것은 곤란하겠죠?

　알아서 남 주나

# 졸다 깨면 왜 추울까요?

교실이나 도서관, 혹은 차 안에서 졸다 깨면 썰렁한 것이 한기가 느껴집니다. 웅크리고 자서 그런 건가요? 아니면 원래 그런 건가요?

# 잠들면 죽어?!

졸다 깼을 때 조금 싸늘하다고 느껴 보지 못한 사람은 없을 것입니다. 사람이 잠이 들거나 졸고 있으면 심장이나 폐를 제외한 온몸의 근육이 풀리는데, 그로 인해 체내의 열 발생률도 내려가게 됩니다. 또 그와 동시에 혈관이 확장되고 혈압도 내려갑니다. 그렇게 되면 혈관의 표면적이 커지기 때문에 깨어 있을 때보다 더 많은 열을 발산하게 됩니다. 이렇게 열의 발생은 줄고, 발산하는 열은 많아지니 졸다가 깨어날 때 썰렁하다고 느껴지는 게 당연한 것입니다.

게다가 사람은 춥다고 느끼면 털을 세워 피부에 소름을 돋게 하는 근육인 입모근(立毛筋)이 움직여 조금이라도 체온을 보존하려 하는데, 잠이 들면 그런 말초신경까지 함께 잠이 들기 때문에 몸도 더욱 차가워지고 맙니다. 영화에서 겨울에 조난 당한 사람이 잠이 온다고 졸면 동료가 「잠들면 죽는다」고 뺨을 때려가면서 깨우는데, 절대 장난이나 농담이 아닌 것입니다. 물론, 교실이나 도서관이라면 영하로 떨어질리 없으므로 졸거나 잠이 들어도 죽을 일은 없을 테니까 함부로 조는 친구의 뺨을 때려서는 안 되겠지요?

## 아침에 일어난 뒤 얼마동안 머리가 멍한 이유는?

아침에 자고 일어나면 머리가 멍한 것이, 집중도 안 되고 무슨 말을 들어도 머리에 쏙 들어오지 않습니다. 잠을 설친 것도 아닌데, 도대체 이유가 뭐죠?

## 연 먹으십니오

밤새 이상야릇한 꿈에 시달리느라 잠을 못 잔 탓으로 아침에 멍하다면 그거야 그럴 수 있겠지만 푹 자고 일어난 아침에도 한동안 머리가 멍한 경우가 흔히 있습니다. 그렇지만 달리 이유가 있는 것은 아니고, 특별한 현상도 아닙니다. 그저 뇌가 너무 부지런한 탓에 생기는 현상일 뿐입니다.

과거에는 뇌 또한 휴식을 취하기 위해 꿈을 꾸는 시간을 제외한 나머지 잠 자는 시간에는 활동을 멈추는 것으로 여겨졌습니다. 그렇지만 의학 검사 기술이 발전하면서 자고 있는 동안에도 뇌는 쉬지 않고 활동하고 있음이 밝혀졌습니다. 뇌로 흘러 들어가는 혈액량을 조사해 보면 오히려 깨어있을 때 보다 자고 있을 때가 20% 더 많음이 확인되기도 했습니다. 열심히 활동하면 상당한 에너지를 소비하게 마련. 그러나 사람이 자는 동안에는 에너지 섭취가 이루어지지 않으므로 아침에 막 일어났을 때에는 뇌가 영양 부족 상태에 빠지게 되는 것입니다. 배가 고프면 몸에 힘이 빠지듯이 뇌에도 적절한 영양 공급이 이루어

 알아서 남 주나

지지 않으면 활동이 둔해지므로 멍하게 느껴지고 집중도 되지 않는 것입니다. 이러한 현상은 잠을 오래 자고 일어날수록 더 심하게 느껴지는데, 이 같은 상태에서 벗어나는 것은 아주 간단합니다. 영양을 보급해 주고 에너지를 축적해 주면 간단하게 정상적인 활동으로 되돌아오는 것입니다. 그렇지만 여기에 소요되는 시간은 잠에서 깬 뒤 2, 3시간 정도. 의외로 긴 시간이므로 아침에 일어나 학교나 회사에 도착한 다음에도 뇌는 완전 가동이 되지 않은 상태인 경우가 많습니다. 많은 전문가들이 아침 식사를 거르지 말라고 거듭 충고하는 이유 중 하나도 바로 뇌를 빨리 깨우기 위한 것입니다.

혹시 아침부터 멍하니 헛소리나 늘어 놓는 사람이 있으면 일단 무언가를 먹여 보는 것이 좋은 방법이 됩니다. 특히 엿 같은 것은 인체 내에서 빨리 에너지로 바뀌는 음식이므로 추천할만 합니다. 아침부터 엿을 먹으라니! 하고 불쾌해 할 일이 아닙니다. 의학적인 권고니까요.

 ## 왜 미스 코리아들은 울까요?

미스 코리아 대회를 보면 1등으로 뽑힌 여자들은 하나 같이 화장이 다 지워지도록 눈물을 펑펑 흘리면서 울더군요. 자기가 계모의 박대 아래서 자란 신데렐라도 아니고, 무슨 슬픈 기억이 치밀어 올라 그러 는 건지….

 ## 미스 코리아로 당선되면 그 기분을 알겠지요

눈물은 육체가 표현하는 슬픔의 표현으로 받아들여지고 있습니다. 사실 거의 모든 동물들이 눈물을 흘리지만 슬프다고 눈물을 흘리는 동물은 인간밖에 없습니다.

본래 사람도 슬픔이나 기쁨 같은 감정과는 무관하게 항상 눈물을 흘리고 있습니다. 건조함이나 먼지로부터 눈을 지키기 위해서인데, 하루 0.6 cc 정도에 불과하므로 툭 떨어지거나 흐를 정도가 아니어서 눈에 잘 띄지 않을 뿐입니다.

그렇지만 웃기는 영화를 보거나 재미있는 애기를 듣고 한참을 웃다 보면 눈가에 상당한 눈물이 맺히는 것을 느낄 수 있습니다. 웃기는데 눈물이라니, 라고 생각할 수도 있겠지만 이러한 눈물도 슬플 때 흘리 는 눈물과 기본적으로는 크게 다르지 않습니다. 다시 말해 눈물을 흘 리는 것은 슬픔이나 기쁨으로 감정이 고조되면 눈물샘을 조절하는 자 율신경이 흥분해 자신의 기능을 제대로 발휘할 수 없게 되어 평소보다 많은, 불필요한 눈물을 만들어내기 때문에 흘러 나오는 것이라는 면에서는 다를 바가 없습니다.

　같은 메카니즘으로, 미스 코리아 당선처럼 너무나 기쁜 일을 맞아 감정이 북받치면 기분에 관계없이 눈물을 펑펑 쏟을 수도 있습니다. 말 그대로 「기쁨의 눈물」로, 슬픈 생각과는 무관하게 생리적으로 나오는 눈물인 것입니다.

　예를 들어, 헤어지자고 하는 말에 여자가 눈물을 흘릴 때, 이별이 슬퍼서 그럴 수도 있지만 「짜식, 이제야 떨어지네」라는 기쁨에 눈물을 흘리는 것일 수도 있다는 겁니다.

# 정말로 불이 번쩍하던데요

어쩌다 머리를 부딪쳤는데, 만화에서 나오는 것처럼 머리 주위에 새가 짹짹거리며 돌거나 별이 반짝반짝하지는 않았지만 정말로 불이 번쩍하더군요. 왜 그렇죠?

## 혹시 머리가 부싯돌은 아니겠죠?

흔히 「별이 보인다」, 「불이 번쩍한다」는 표현을 쓰는데, 실제로 머리를 강하게 얻어맞거나 심하게 부딪치면 순간적으로 불꽃같은 것이 보이는 경우가 있습니다.

이 불꽃은 대뇌의 착각에서 일어납니다. 머리에 갑자기 강한 충격이 가해지면 순간적으로 대뇌의 혈관이 수축되었다가 확장됩니다. 그로 인해 뇌로 들어가는 혈액의 흐름이 갑자기 좋아지기도 하고 나빠지기도 하는데, 그런 와중에 시각을 담당하는 대뇌의 일부가 정상적인 감지를 할 수 없게 됩니다. 그래서 혈액의 흐름이 갑자기 좋아진 순간의 자극이 「빛」으로 받아들여지기도 합니다. 이것이 바로 불꽃의 정체인 것입니다. 하지만 그 느낌은 다분히 개인적인 것으로, 사람에 따라서는 파란 불꽃이라고 하여 색깔까지 느끼는 경우가 있는가 하면, 그냥 불이 번쩍였다고 느끼는 경우도 있습니다.

어떤 때는 강한 불빛을 정면으로 쳐다보았을 때처럼 눈앞이 캄캄해지는 경우도 있습니다. 이른바 「눈앞이 캄캄해지더라」는 경우로, 이것

 알아서 남 주나

은 불꽃이 보이는 경우와는 반대로 혈액의 흐름이 나빠져 대뇌가 빛을 감지하지 못하게 되면서 생기는 현상입니다.

또 만화에서의 다른 표현으로, 엄청난 미녀를 보고 눈알이 튀어나오는 장면이 있습니다. 이것도 어떤 과학적 근거가 있는 것일까요? 다행스럽게도 그것은 그저 만화적 표현일 뿐, 그런 일로 눈알이 빠져나왔다는 학계의 보고는 단 한 건도 없습니다. 그러니 미녀를 볼 때 마음놓고 눈이 빠져라 처다보아도 안전하다고 할 수 있습니다. 적어도 의학적으로는 말입니다.

# 라면을 먹으면 왜 콧물이 나오죠?

사실 라면을 좋아하지만 남자 친구 만날 때에는 절대로 라면을 먹지 않습니다. 왜냐면 먹는 동안 콧물이 나오기 때문에 이미지 관리가 안 되거든요. 왜 라면 먹을 때만 콧물이 나오죠?

# 계란 넣은 라면을 먹을 때에는 특히 주의하세요

요즘에는 라면 요리가 무척 다양해져서 차갑게 식혀 먹는 라면도 있는 모양이지만, 역시 뜨거운 면발을 후후 불어가면서 먹는 것이 라면의 제맛이지요. 그런데 그러다 보면 콧물이 나와 훌쩍거리게 마련입니다. 감기에 걸렸을 때는 라면을 제대로 먹기 힘들 정도로 콧물이 나오기도 하지요. 사실 라면을 먹을 때 콧물이 나오는 근본 원인은 감기와 같습니다. 코의 점막이 자극을 받아서 콧물이 나오는 것입니다.

사람의 코의 점막은 매우 민감하게 만들어져 있습니다. 콧구멍으로 들어오는 티끌 따위를 예민하게 체크하여 재채기 등으로 밀어낸다거나, 음식물의 미묘한 냄새를 분간하는 등, 상당히 섬세한 역할을 맡고 있기 때문에 민감할 수밖에 없는 기관입니다. 이렇게 섬세한 점막이기 때문에 조금만 차거나 뜨거운 공기가 콧속으로 들어와도 바로 알아차리고 그에 따른 반응을 보이기 마련입니다.

라면을 예로 들어, 추위 때문에 민감해져 있는 콧속으로 갑자기 뜨거운 라면에서 올라온 김이 들어온다고 생각해 봅시다. 인체는 그 뜨거운 수증기로부터 점막을 지키려고 지체없이 콧물을 내보내는데, 바로 이 때문에 휴지를 찾게 되는 것입니다. 이러한 작용은 라면이 식어 수증기가 줄어들고 코가 익숙해질 때까지 계속됩니다. 그러므로 감기에 걸리지 않았다면 라면을 다 먹은 뒤에 코를 한번 풀고 나면 콧물도 더 이상 나오지 않습니다.

전문가로서 충고하자면 계란 넣은 라면을 먹을 때에는 특히 콧물을 조심해야 합니다. 라면 국물 위로 떨어지면 계란에 섞여 콧물이 어디 가버렸는지 잘 보이지 않거든요.

# 가발과 심은 머리, 어느 쪽이 더 오래 가죠?

이제는 후회해도 돌이킬 수 없을 정도로 머리가 많이 빠져 버렸습니다. 그렇다고 그냥 놔둘 수도 없는 노릇이라서…. 그런데, 가발도 있지만 머리를 심을 수도 있다고 하는데, 어느 쪽이 더 오래 가죠?

# 「빛나리」에게는 가산점을!

대머리가 되는 것은 거의 유전적인 이유로, 본인에게는 아무 잘못도 없습니다. 더구나 남에게 피해 주는 바도 없지요. 그런데도 웬일인지 대머리에 대한 시선은, 특히 여성들의 시선은 그리 따뜻하지 않은 것 같습니다.

그래서 요즘은 가발 같은 적극적인 대응책에도 많은 관심이 쏠리고 있습니다. 요즘 나오는 가발은 그냥 봐서는 가발인지 모를 정도로 잘 만들어져 있어서 거부감도 많이 줄었습니다. 그러나 머리가 남아 있는 상태에서 가발을 쓰고 있으면 두피에 공기가 잘 통하지 않아서 탈모가 더욱 빨리 진행되는 경향이 있기 때문에 요즘에는 머리 위에 빈 틈없이 뒤집어쓰는 가발보다는 헤어피스(Hairpiece)라고 하는 부분 가발 타입이 인기를 끌고 있다고도 합니다.

한편, 가발에 머물지 않고 두피에 직접 머리카락을 이식하는 방법도 있습니다. 1939년 일본의 오구다라는 의사에 의해 처음으로 시도된 이 기술로, 이제는 자신의 모발을 옮겨 심는 단계까지 발전되어 있

 알아서 남 주나

습니다.

그렇다면 과연 이 두 가지 방법 중에 어느 쪽이 오래 가느냐 하면, 역시 인공적으로 만든 가발 쪽이 오래 갑니다. 머리 심는 기술이 상당한 발전되어 있기는 하지만 역시 사람의 두피에 심는 것이므로 절대로 빠지지 않을 수는 없기 때문입니다.

그건 그렇고, 대머리를 감추려고 이렇게 노력하는 사람은 「노력파」로 분류하여 선볼 때도 가산점을 주는 제도를 두는 것은 어떨까요?

# 갑돌이와 갑순이

옛날 옛적, 어느 마을에 갑돌이와 갑순이가 살았다고 한다.

둘은 각각 그 고을에서 가장 인기가 좋았던 처녀 총각으로 다른 마을 청년들의 부러움을 사고 있었다.

그러나 둘 사이에서 혼담이 오가고 약혼을 할 무렵, 동네에는 희한한 소문이 돌기 시작했다. 소문은 갑돌이의 그것이 너무 커서 어른 주먹만하다는 이야기와 갑순이의 그것에는 이빨이 달려 있어서 큰일날 거라는 이야기였다. 물론 갑돌이와 갑순이를 시샘한 동네 총각들이 꾸며낸 얘기였다.

하지만 각각 상대의 소문을 접한 당사자들은 놀라지 않을 수 없었다. 그렇다고 파혼한다고 하기에도 어려운 명분이었으니, 여간 걱정스럽지 않았다.

드디어 결혼식. 동네에는 잔치가 벌어졌고 바야흐로 신방을 차리게 되었다. 드디어 결전의 시간이 다가온 것이다. 옷을 하나하나 풀고 나란히 누웠다. 갑돌이는 혹시나 자기의 것을 꽉 하고 물면 어쩌나 하여 먼저 주먹을 넣어보기로 하였다. 한편 갑순이는 갑돌이의 것이 소문처럼 크다면 죽을지도 모른다는 걱정에 일단 입을 아래의 위치로 향하였다.

그리하여 갑돌이가 주먹을 살며시 뻗어 갑순이의 그곳을 더듬으려는 순간, 그만 갑순이의 이빨이 닿는 꼴이 되고 말았다.

「어머나!」

「소문 그대로였어!」

기겁을 한 갑돌이와 갑순이는 얼른 몸을 떼고 두근거리는 가슴을 쓸어 내리며 태연한 척 잠을 청하였다.

다음날 아침. 어쨌거나 첫날밤을 치른 갑순이는 부엌 한쪽에서 목욕을 하고 있었고, 갑돌이는 어머니에게 간밤의 일을 설명하려 갔다. 그렇지만 뭐라 설명하면 좋을지도 알 수 없었고, 같은 여자로서 어머니는 거기에 이빨이 있다는 말을 믿을 수도 없었다.

그런 와중에 공교롭게도 아궁이의 불이 번져 부엌에 불이 나고 말았다. 목욕을 하던 갑순이는 깜짝 놀라 몸을 피하려 했지만 옷은 벌써 타버린 상태! 갑순이는 재치를 발휘해 어제 잔치에 쓰고 남은 큼직한 빈대떡을 하나 잡아들어 아래를 가리고 부엌에서 뛰쳐나왔다. 그리고 그 꼴로 그만 갑돌이와 어머니와 마주치게 되었다. 갑돌이와 어머니의 눈이 그곳을 가리고 있는 갑순이의 빈대떡에 눈이 가게 되는 것은 당연지사.

그러자 갑돌이가 저것 보라는 듯 어머니에게 큰 소리로 말했다.

「저것 봐요! 지금 빈대떡을 먹고 있잖아요」

물론 옛날 이야기이다. 하지만 실제로도 어떤 남자로부터 전화를 받은 적이 있다. 자신의 것이 너무 크니 어쩌면 좋겠느냐는 얘기였다. 순간, 진짜 갑돌이의 소문같은 게 있나보다 하고, 내심 기대를 했지만 그 분은 끝내 찾아오지 않았다. 물론 이것은 특별한 사례이고, 보통은 자신의 것이 너무 작지 않냐는 고민이 많다. 하지만 현대 의학의 발달로 작은 것을 크게 만드는 것은 간단한 일이 되었다. 더욱이 예전과는 달리 자신의 살을 이용하기 때문에 부작용도 염려할 것이 없어졌다. 물론 큰 것은 작게 만들 수도 있다. 심지어 본인이나 파트너가 원한다면 색다른 모양으로 디자인할 수도 있을 정도이다.

남의 소문에만 귀기울일 것이 아니라, 한번쯤은 전문의와 이야기를 나눠 보는 것도 나쁘지 않을 것 같다. 의사라고 해도, 알고 보면 똑같은 사람이다. 남자 대 남자로서, 고민을 이해해 줄 수도 있는 것이다.

# 2

몸이 그대를 속일지라도
괴로워하거나 노여워하지 말라

# 왜 수박을 때릴 수 없는 겁니까?

해변에서 종종 하는 놀이로 수박 치기라는 게 있습니다. 눈을 가리고 앞에 놓여 있는 수박을 찾아내 막대기로 내려치는 거지요. 옆에서 보면 정말 간단한데, 막상 눈을 가리면 쉽게 수박을 향해 걸어갈 수가 없습니다. 이게 뭔 조화죠?

# 어차피 해변에서는 똑바로 걷기 힘들더군요

수박 치기란 놀이는 유치해 보이지만 사실은 인체공학을 적절히 이용한 놀이입니다. 눈을 가리고 걸으면 똑바로 걷기 힘들다는 인체 구조를 응용하고 있는 것입니다. 실제로 해 본 사람은 알겠지만, 그냥 똑바로 걸어가기만 하면 수박 앞에 다다를 수 있는 데도 전혀 다른 방향으로 걸어가서 수박을 찾기 힘든 경우가 보통입니다. 옆에서 보기에는 우습기 짝이 없지만, 막상 자신이 해 보면 아무리 똑바로 걸어가야지 하고 마음먹고 걸어도 딴 방향으로 비껴가기 일쑤이지요.

이것은 인간의 몸 구조와 관계되어 일어나는 현상입니다. 얼핏 보기에 사람의 몸은 좌우 대칭인 것처럼 보이지만, 겉모습은 물론이고 인체의 모든 곳이 좌우가 다릅니다. 예를 들어, 심장도 조금 왼쪽으로 치우쳐 있고, 간은 반대로 오른쪽에 붙어 있습니다. 또 오른손잡이냐 왼손잡이냐에 따라 손의 길이나 굵기마저 좌우가 다릅니다. 그리고 잘 살펴보면 다리 또한 길이가 약간 다를 뿐 아니라, 오른손잡이는 오른발이 더 강하고 왼손잡이는 왼발이 더 강합니다. 다시 말해 근육의 힘 또한 좌우가 다르다는 것입니다.

이런 차이로 인해 원래 인체는 똑바로 걸을 수 있는 구조가 아닙니다. 다만 평소에는 눈을 통해 주위를 둘러보면서 균형과 방향을 수시로 수정할 수 있기 때문에 똑바로 걸을 수 있는 것입니다. 그러므로 눈을 가리고 걸으면 균형과 방향을 수정할 수 없으므로 당연하게 걸을수록 점점 더 왼쪽이나 오른쪽으로 치우치게 됩니다.

이때, 오른손잡이인 경우에는 오른발의 보폭이 왼발보다 조금 큰 탓에 왼쪽으로 치우쳐 걷게 되고, 왼손잡이의 경우에는 그 반대로 오른쪽으로 치우치게 됩니다. 숲에서 길을 잃은 나그네가 여우에게 홀려 밤새 숲을 빙빙 돌았다는 옛날 이야기가 있는데, 그 또한 앞이 보이지 않는 캄캄한 밤에 자기도 모르게 왼쪽이나 오른쪽으로 치우쳐 걷게 되는 신체적인 이유에서 비롯된 자연적인 현상일 뿐입니다. 어느 한쪽 편으로 치우쳐 걸으면 결국 그것이 큰 원을 그리는 꼴이 되므로 처음 자리로 되돌아오게 되는 것이죠.

그렇다고는 해도, 요즘처럼 현란한 노출이 눈을 어지럽히는 여름 해변에선 눈을 가리지 않아도 어차피 똑바로 걷기 힘들지 않던가요?

 알아서 남 주나

## 자다가 갑자기 몸이 움찔하는 사람이 있던데…

자고 있는 사람을 보고 있자면 무슨 일에 놀란 듯이 갑자기 몸을 움찔하는 모습을 볼 때가 있습니다. 보는 사람이 놀랄 정도인데, 무슨 안 좋은 꿈이라도 꾸기 때문인가요?

## 자던 사람을 깨워서 물어 봐도 모른다고 하니…

결론부터 말하자면 그 원인은 아직도 명확하게 밝혀진 바가 없습니다. 수면 사이클과 관계가 있을 것이라는 추측뿐입니다.

사람의 수면 사이클은 얕은 잠과 깊은 잠의 반복으로 이루어져 있습니다. 꿈도 꾸고 잠꼬대도 하는 얕은 수면을 렘(REM) 수면과, 마치 죽은 것처럼 꼼짝하지 않고 자는 상태를 말하는 논 렘(Non REM) 수면이 그것입니다.

이 중, 렘 수면은 몸은 잠들어 있는 상태지만 뇌의 상당 부분은 깨어 있는 상태라고 할 수 있습니다. 잠을 자다가 갑자기 꿈틀하고 움직이는 것도 렘 수면 상태에서 일어나는 일입니다. 그러나 왜 렘 수면기에 경련이 일어나는지는 아직까지 밝혀진 바가 없습니다. 교감신경이 깊게 관련되어 있을 것이라는 추측이 있을 따름입니다.

교감신경이란 지각이나 의식과 관계 있는 대뇌의 지배에서 벗어나 독립적으로 움직이는 자율신경의 하나로, 이것이 어떤 자극을 받아 흥분하게 되면 자다가 몸을 움찔하거나 다리를 움직이는 등의 행동을 보이게 된다는 것입니다.

그렇다면 도대체 그 자극이란 무엇이며, 왜 그런 자극에 잠을 자던 신체가 반응을 하도록 되어 있는 것인지 등등은 앞으로 밝혀내야 할 과제로 남아 있습니다.

하기는 우리 인간들이 모르는 것이 어디 한 두 가지인가요? 온 인류의 절반 이상이 그렇게도 간절히 알고 싶어하는 여자의 마음도 아직까지 밝혀진 바가 없지 않습니까?

 # 녹음된 내 목소리가 이상해요

나름대로 목소리가 예쁘다고 자신하는데, 노래방에서 녹음된 목소리를 들으니 영 아니더라고요. 왜 그렇게 다르죠? 녹음기가 싸구려라 그런 건가요?

 ## 하나도 안 이상합니다

누구나 녹음된 자기 목소리를 들으면 「이게 정말 내 목소리인가?」하는 느낌을 갖기 마련입니다. 그리고 그런 목소리의 차이가 녹음기의 성능 때문이라고 생각하는 사람들도 상당히 있는 모양이지만, 실제로는 그렇지 않습니다. 일상 대화에서 쓰이는 사람의 목소리는 그리 넓지 않은 음역을 가지고 있으므로 그다지 비싸지 않은 녹음기라도 꽤 충실하게 녹음이 되기 때문입니다.

그렇다면 왜 그렇게 녹음된 목소리가 생소하게 들리는 걸까요? 그것은 일종의 착각입니다. 주위 사람에게 물어 보면 당장에 알 일이지만, 다른 사람들은 평소에 들리는 당신의 목소리나 녹음된 목소리나 별반 다르지 않다고 생각하고 있을 것입니다. 그도 그럴 것이, 자신이 말할 때 들리는 그 목소리는 자기 자신 말고는 아무도 듣지 못하는 목소리이기 때문입니다. 우리는 흔히 공기의 떨림을 고막이 느낌으로써 소리를 듣는다고 알고 있지만, 소리를 듣는 방법은 이러한 공기 전도를 고막을 통해 듣는 것 말고도 이소골(耳小骨) 등과 같이 뼈를 통해 듣는 골(骨) 전도라는 방법도 있습니다. 이러한 골 전도는 자신의 머리를 손가락으로 가볍게 쳐 보면 금방 느낄 수 있습니다. 다른 사람에게는 아무 소리도 들리지 않지만 자기 자신에게는 톡톡 하고 두드리는 소리가 들릴 것입니다.

그런데 녹음기에 녹음된 소리나 다른 외부의 소리는 외이도를 지나 고막, 이소골, 달팽이관 순으로 전달되고 최종적으로 신경을 통해 뇌로 전달되는 공기 전도 방식으로 듣게 됩니다. 반면, 자신의 목소리는 입에서 나온 소리를 고막을 통해 들을 뿐만 아니라 내부의 뼈를 통해서도 듣게 됩니다. 공기 전도와 골 전도, 두 가지 방식을 혼합하여 듣는 셈이지요.

바로 이러한 경로 상의 차이가 녹음된 목소리와 자신의 귀로 직접 듣는 목소리를 다르게 느끼도록 만드는 원인입니다. 보통 골 전도를 통하면 저음이 강조되므로 자기 자신이 듣는 목소리는 남이 듣는 것보다 더 풍부하고 낮게 들립니다. 그래서 자기 귀에 들리는 목소리 쪽을 녹음된 목소리(즉, 남들이 듣는 진짜 목소리)보다 마음에 들어 하는 사람이 많다고 합니다. 그렇지만 안타깝게도 자기 자신이 듣는 자신의 목소리는 다른 사람에게 들려 줄 방법이 없습니다.

그래도 인생을 살다 보면 「자기 목소리가 이 세상에서 제일 예뻐」라고 말하는 사람을 만나기도 합니다. 물론 이 또한 과학적으로 설명되는 경우가 아니라, 일종의 착란 상태라고 해야겠지만….

난, 자기
목소리가 젤
좋아~
귀마개

# 왜 낮에 활동하고 밤에 자야만 하는 거죠?

나는 밤이 좋습니다. PC방에 가면 나 말고도 밤에 와서 노는 사람들이 많습니다. 원래 인간이란 야행성인데 일을 하려니까 낮에 움직이게 된 것은 아닐까 하는 생각이 들기도 합니다. 사람이 원래 주행성이라는 증거가 있나요?

# 백수는 야행성일 수도 있습니다

보통 사람들은 해가 뜨면 일어나 일이나 기타 활동을 하고, 해가 지면 휴식으로 접어드는 생활을 합니다. 이러한 생활은 지구 어느 곳에 사는 민족들이나 마찬가지입니다.

하지만 혹시 이런 생활이 환한 낮에 일하기 편하므로 생긴 오랜 습관에 불과한 것은 아닐까요? 과연 인간이 동굴에서 살았던 원시 시대부터 낮에 활동하고 밤에 자는 주행성 동물이었을까 하는 의문을 품어 볼 수는 없을까요?

실제로 일하는 데 밤과 낮의 제한이 없어진 현대에서는 낮이 아닌 밤에 활동하는 것을 자연스럽게 여기는 사람들이 많이 있습니다. 하지만 이러한 의문에 대한 해답은 아주 명료합니다. 사람의 몸이 거의 24시간을 주기로 낮과 밤에 따라 다른 신체 리듬을 보여 주고 있기 때문입니다. 예를 들어, 해 뜰 시간이 가까워 오면 활동하기에 적합하도록 체온이 올라가고 해질 무렵에는 휴식의 준비로서 체온이 떨어지기 시작하는 것입니다. 이러한 체내 리듬에 대한 연구는 아직도 수수께 끼로 남은 부분이 많지만, 빛의 자극을 받는 뇌의 시상하부가 체내 시계를 조정한다는 사실만은 확인되어 있습니다.

인간이 야행성이 아니라는 무엇보다도 확실한 증거는 색깔 구분 능력입니다. 이러한 색 구분 능력은 인간의 먼 조상이라고 하는 영장류의 특징으로, 잘 익은 열매를 식별해내기 위한 특별한 진화의 산물이라고 할 수 있습니다. 그러나 이런 색 구분 능력은 환한 낮에나 발휘되지 밤에는 다른 동물처럼 명암밖에 구별할 수가 없습니다. 만일 인간이 야행성이라서 밤에 주로 활동을 했다면 낮에 유효한 색 구분 능력보다는 고양이나 부엉이처럼 컴컴한 곳에서도 더욱 잘 볼 수 있는 기능이 발달되어 있을 테지요.

그러나 개가 1만 2천년에 걸쳐 사람과 생활하면서 야행성이 주행성으로 바뀌고 육식성에서 잡식성으로 변화한 것처럼 동물의 유전적 습성도 환경이 바뀌면 변하기 마련입니다. 만약 낮에는 자고, 밤에는 PC를 붙들고 있거나 편의점을 들락거리는 백수들이 더 많아진다면 미래의 인간은 야행성으로 변하지 않으리라고 장담하기는 어려울 것 같습니다.

# 외국 사람들에게는 왜 냄새가 나죠?

우리나라 사람들한테서 김치 냄새가 난다고 하는데, 백인이나 흑인에게서는 음식 냄새와는 다른 냄새가 납니다. 단지 우리와는 다른 냄새이기 때문에 민감하게 느껴지는 걸까요?

# 그래도 발 냄새는 세계 공통입니다

몸에서 나는 냄새는 개성과 같은 것으로, 같은 것을 먹고 같은 운동을 해도 사람에 따라 다른 냄새가 나게 됩니다.

이러한 체취는 원래 몸에서 나는 냄새로, 땀을 흘렸을 때 나는 「땀냄새」와는 다른 것이지만 두 냄새 간에 전혀 관계가 없는 것은 아닙니다. 땀을 분비하는 땀샘에는 에크린 샘과 아포크린 샘, 두 종류가 있는데 이 중 아포크린 샘이 체취의 근원이기 때문입니다.

에크린 샘은 온몸의 피부에 널리 분포되어 있는 것으로, 땀과 함께 수분이나 염분을 몸 밖으로 내보내 체온을 조절하는 기능을 가지고 있습니다. 이에 비해 아포크린 샘은 겨드랑이 밑이나 외이도(外耳道), 유두, 생식기 주변 등 특정한 부분에 분포되어 있으며 일반적인 땀과 더불어 특별한 분비물도 내보냅니다. 바로 그 특별한 분비물이 체취의 원인인 것이죠.

아포크린 샘은 사춘기 때부터 발달하기 때문에 어렸을 때에는 체취가 없지만 사춘기 이후에는 개인차가 분명해집니다. 아포크린 샘이 발달한 사람은 분비물이 많게 되므로 체취가 강해지는 것입니다. 사실 분비물 그 자체는 아무 냄새도 나지 않습니다. 하지만 피부에 살고 있는 세균이 그 분비물을 분해하면서 강렬한 냄새를 만들어 내는 것입니다. 이 때, 분비물의 분자 구조나 피부 위의 세균 종류가 개인마다 조금씩 다른데, 이로 인해 사람마다 다른 특유의 체취가 만들어집니다. 이 몸에서 나는 냄새는 개인적인 차이뿐 아니라 인종에 따른 차이도 있어서, 실제로 흑인이나 백인의 체취가 강하고 한국인을 포함한 몽골로이드 계열의 인종은 체취가 적다고 합니다.

이렇게 체취가 적은 동양 사람들로서는 남의 몸에서 나는 냄새에 대해 부정적으로 받아들이는 것이 보통이지만, 체취가 강해서 감추기 힘든 외국인들은 적당한 체취를 섹시하다고 받아들이는 경우도 많다고 합니다.

그렇지만 전 인류의 공통점은 발냄새로, 이 냄새만은 세계 어느 나라에서나 「지독한 냄새」로 대접을 받고 있음이 분명한 것 같습니다.

# 왜 키스로 시작하나?

　예나 지금이나, 동양이나 서양이나, 본격적인 애정 표현의 시작은 키스인 것 같습니다. 누가 가르쳐 준 것도 아닌데, 왜 모두들 키스로 시작하는 거죠?

# 입이 거기에 있기 때문이죠

　의학적으로 생각하면 이에 대한 답은 아주 간단합니다. 인간의 신체 중 「구멍」이 열려 있는 곳은 모두 성감대이기 때문입니다. 그런 부분에는 반드시 라고 해도 좋을 만큼 감각 수용기나 말단신경이 집중되어 있으므로 쉽게 쾌감을 느낄 수 있습니다.

　그러면서도 입은 다른 성기와 달리 항상 노출이 되어 있습니다. 그러니까 옷을 벗고 다시 입고 할 필요 없이 마음만 내킨다면 가장 손쉽게 쾌감을 나눌 수 있는 부분인 것입니다. 더구나 임신 염려 제로일 뿐 아니라, 다른 부분에 비해 상대적으로 병균에 대한 저항력도 커서 쉽게 허락해도 나중에 큰 탈이 없습니다. 결과적으로, 보다 깊은 관계에 앞서 서로 호감을 나누는 데 이용하기도 쉬운 것입니다. 이렇게 편리하고 유용한 입이기에 키스라는 것이 애정 표현의 첫걸음으로 자리잡은 것이라고 여겨집니다.

　하지만 이러한 편리함 이전에 키스는 본능에서 비롯된 행동이라고 보는 견해도 있습니다. 일본의 교토대학 명예교수인 오시마 키요시


알아서 남 주나

박사에 따르면 키스를 하고 싶다는 바람이나 충동의 유래는 아기가 엄마의 젖을 무작정 물고 늘어지는 「원시성욕」으로 거슬러 올라간다고 합니다. 원시성욕이란 엄마와 강한 일체감을 갖고 싶어하는 아기의 추상적인 욕구를 의미합니다.

만일 이 주장이 맞다면, 모유맛이 나는 립스틱을 만들면 히트 상품이 되지 않을까요? 키스를 함과 동시에 엄마에 대한 무의식적인 욕구까지 충족시킬 수 있을 테니까요.



순수 우리나라 말로는 입맞춤이라고 하지만, 로맨틱한 느낌이 없어서인지 키스라는 영어가 더 자주 쓰이는 것 같다.

그런데 이 단어의 어원을 보면, 「Kiss」는 게르만 계의 고트어 「KUTUS」에서 유래한 단어로 의미하는 바는 「맛보다」이다. 또 입맞춤을 프랑스어로는 「Baiser」라고 하는데, 그 어원은 라틴어인 「Bacio」에서 유래했고 Bacio는 산스크리트어로 「입을 열다」라는 의미를 갖고 있다고 한다.

이렇게 어원으로 보아도 역시 키스가 제일 로맨틱한 단어인 것 같다.

# 영원한 사랑이 가능할까요?

처음에는 우리야말로 영원히 사랑할 것 같았는데, 요즘에는 내가 옆에 있는 데도 예쁜 여자만 보이면 남자 친구의 눈 돌아가는 소리가 들립니다. 하기는 나도 이젠 만나 봤자 맨송맨송한 것이 별로 재미도 없고요. 영원한 사랑이란 없는 걸까요?

# 왜 없겠습니까, 영화나 소널에만 있어서 그렇지

대부분 경험이 있겠지만 안 보면 못 살 것 같았던 사람도 시간이 좀 지나면 「질린다」거나 「싫어지는」 일이 보통입니다. 꼭 그렇게 느끼지 않더라도 어느 날 문득 상대방의 결점이 눈에 띄거나 흥미가 적어지는 현상은 어쩔 도리가 없을 것입니다.

이러한 「사랑의 한계」는 사실 호르몬 작용이라는 생리적인 현상에 바탕을 두고 있습니다. 사랑에 빠졌을 때 느끼는 두근거림이나 행복감은 그저 기분이나 느낌 때문만은 아닙니다. PEA 호르몬, TRH, LHRH와 같은 호르몬들의 복합 작용에 의해 이루어지는 육체적 반응인 것입니다.

여기서 TRH는 갑상선 호르몬을 비롯하여 뇌에 강렬한 각성 작용을 일으켜 전신의 감각을 긍정적으로 만드는 작용을 가진 노르아드레날린의 분비를 촉진시키는 역할을 가지고 있습니다. 요컨대 「의욕」을 만들어내는 호르몬인 것입니다.

한편, LHRH는 성욕을 높이는 작용을 가지고 있습니다. 쉽게 말해 멋진 이성이 앞에 있을 때 「하고 싶다」는 생각을 하게 만드는 물질입니다. 이 물질은 주로 밤에 많이 분비되는 특성을 가지고 있는데, 연인들이 밤에 많이 데이트를 하는 까닭도 LHRH와 무관하지 않은 것입니다.

그런데 문제는 이러한 「의욕」과 「성욕」을 부추기는 호르몬이 항상 높은 수준으로 뇌에서 분비될 수 없다는 데 있습니다. 애초에 사랑에 빠져 평균 수준 이상으로 호르몬이 분비되는 것이었으니 평균 상태로 되돌아와야만 하는 것입니다. 그 분비 기간의 한계가 찾아왔을 때가 바로 「싫증 나는 때」라고 할 수 있습니다.

그렇다면 어떻게 해서든 연애 감정을 유지시키는 호르몬이 많이 분비되게 하면 영원한 사랑이 가능하지 않을까, 라고 생각할 수도 있겠지요? 하지만 이것도 뇌의 구조상 불가능합니다. 마약을 먹으면 먹을수록 더 강한 마약을 써야 환각에 빠질 수 있는 것처럼, 어떤 자극에 익숙해진 뇌는 그보다 더 큰 자극이나 다른 자극을 받지 않으면 반응을 보여주지 않기 때문입니다.

결국 생리적인 부분을 따져 볼 때, 멜로 영화나 연애 소설에 나오는 영원불멸의 사랑이란 불가능하다는 결론이 나옵니다. 동시에 어느 정도의 바람기는 인체 구조상 불가피하다는 말이 되기도 합니다.

하지만 바람 피우다 걸려서 인체구조상 어쩔 수 없다고 핑계대지는 마십시오. 한참 열 받아 있는데, TRH이니 LHRH라는 어려운 단어를 써 봤자 제대로 이해해 줄 사람은 아무도 없을테니 말입니다.

　헬렌·E·피셔 박사는 세계 62개국의 지역, 민족 그룹의 이혼 사례를 연구한 바 있다.

　연구 결과는 결혼 첫해부터 이혼 건수가 서서히 증가하다가 4년째에 절정을 이루지만, 5년이 지나자 반대로 이혼 부부가 극단적으로 줄어든다는 것.

　박사의 연구를 결과에 따르면 남녀의 사랑은 4년이 절대 위기라는 말이 된다.

 **키스, 정말 기분 좋아요?**

키스한다, 입을 맞춘다고 하지만 그저 입술만 닿았다 떨어지는 것이 아니잖아요? 남의 침이 내 입으로 들어올 수도 있다는 거 생각하면 아무래도 별로 일 거 같은데….

 **해 보고 기분이 안 좋으면 물러 드리죠**

키스에는 부위별 방법별로 수 십 가지 이상의 종류가 있습니다. 입술만 살짝 맞대었다 떼는 「Bird Kiss」라는 것이 있는가 하면, 「Eating Kiss」나 「Biting Kiss」처럼 살짝 깨무는 키스도 있습니다.

그 중에서 가장 기본적이면서 가장 오래 인류의 사랑을 받아 온 것은 이른바 프렌치 키스입니다. 입을 맞춘 뒤, 입술을 약간 열어서 상대방의 혀를 허락해 주는 키스입니다. 그리고 혀를 장난치듯 자유롭게 움직이면서 사랑의 대화를 나누는 것이지요.

해 본 사람은 잘 알겠지만 그런 키스를 나누고 있자면 가슴이 두근거리고 마음도 들뜹니다. 다소의 흥분이 섞인 좋은 기분이지요. 이러한 느낌은 단지 상대방을 좋아한다는 심리적인 요인에서 비롯된 것만은 아닙니다. 오히려 신체적인 반응의 결과이지요.

입술에 대한 자극은 밀도 높은 말단신경에서 척수를 통과하여 뇌의 중추로 가서 몸의 각 부분에 흥분이 전달되는 메커니즘을 지니고 있습니다. 그러므로 두 남녀가 서로 혀를 주고 받는 순간 심장이 뛰면서 맥박은 두 배로 빨라지고 혈압도 올라갑니다. 또 췌장에서는 인슐린이 분비되고 부신은 아드레날린을 배출합니다. 이렇게 되면 인간의 욕망은 보다 본능적인 방향을 향하게 됩니다. 키스를 계기로 로맨스에서 섹스로 발전하는 경우가 많은 이유도 바로 이것입니다.

질문에서 침 이야기가 나왔으니 하는 말인데, 흥미롭게도 키스를 하면 침까지 변화합니다. 처음에는 수분이 많은 침이었다가도 키스가 시작되면 교감신경의 지배에 의해 침이 점점 끈기를 더해 간다는 사실이 연구에 의해 밝혀진 바 있는 것입니다. 더구나 키스로 인한 침은 입안의 산성도를 낮춰주므로 치석과 충치 예방에도 도움이 된다고 치과의사들은 말하고 있습니다.

침뿐만이 아니라, 섹슈얼한 감정으로 나누는 키스는 피 속의 백혈구 활동을 활성시켜 병에 잘 걸리지 않게 해주며, 키스를 나누는 순간에 체내에서 생성되는 화학물질은 좌절이나 공포를 느낄 때 나타나는 스트레스 호르몬인 코티졸의 생성을 막아주는 효과가 있다고 합니다. 때문에 독일의 한 의학 연구팀은 「키스를 많이 하면 오래 산다」는 연구 결과를 내놓기도 했습니다. 여기에 여성분들이 솔깃한 연구도 있습니다. 모닝 키스 한번이 3.8 칼로리를 연소시키므로 다이어트에도 효과가 있다는 것입니다.

이러한 연구들을 종합할 때, 키스는 기분에도 좋고 몸에도 좋다는 것이 됩니다.

키스를 나눌 상대가 없어 속이 뒤집어지는 데에서 비롯된 스트레스는 어떻게 하냐고요? 그러한 키스의 악영향은 아직 과학적인 연구가 이루어지지 않은 것 같아서 뭐라 말하기가 어렵군요.

한 과학잡지에서 여자들을 대상으로 「키스를 하면 섹스가 하고 싶어지는가?」라는 질문을 던진 적이 있다. 그런데 여기서 남자들로서는 대단히 실망스러운 답변이 나왔다. 전체의 66%가 「아니오」라고 대답한 것이다.

여성의 경우, 키스만으로도 충분히 섹스에 대한 욕구를 충족시킬 수 있고, 키스 그 자체를 독립적인 행동으로 받아들이기 때문에 「키스 다음에는 섹스」라는 공식을 인정하지 않는 것이다.

남자들은 착각하지 말아야 할 점이다.

# Q 왜 남자 누드 사진집은 없죠?

　　여자들의 수영복이나 누드 사진을 담은 잡지는 어딜 가도 흔합니다. 주간지에도 양념 삼아 꼭 끼어 있고요. 하지만 남자 수영복 사진이나 누드 사진은 보기 어렵습니다. 누드 사진집도 없는 것 같고요. 이것도 일종의 남녀 차별 아닌가요?

# A 없긴 왜 없어요?

　　실제로 많은 주간지들의 경우, 섹시한 여성의 누드 사진이 표지에 실리느냐 마느냐가 판매에 엄청난 영향을 미친다고 합니다. 하지만 여성을 주요 독자로 하는 잡지 등에는 남자의 누드 사진이 실리지 않습니다.

　　왜냐? 그것은 실어 봤자 품위만 떨어지고 별로 효과가 없기 때문입니다. 남자들은 이름 모를 여자가 나와도 섹시한 외모만 보여 준다면 OK이지만, 여자들에게는 「누가 벗었느냐」가 더욱 중요한 포인트이기 때문입니다. 요컨데 남자와 달리 여자들은 알지도 못하는 사람이 누드로 나와 봤자 별로 자극을 받지 못하는 것입니다.

　　이것은 출판업에 종사하고 있는 전문가들의 오랜 경험을 통한 판단이지만, 실제 과학적 조사로도 밝혀진 바이기도 합니다.

　　남성의 뇌를 MRI(자기공명 화상장치)나 PET(양전자방사 단층촬영장치)에 걸어 놓고 여성의 누드를 보여 주면 처음엔 대뇌 신피질의 시각야가 흥분하고, 다음으로 대뇌변연계의 성욕중추에 자극이 전달되는 모습이 뚜렷하게 나타납니다. 실물도 아니고, 또 이름도 모르는 여자의 사진이나 그림과 같은 단순한 시각적 자극에도 남성은 질리지 않고 반응하는 것입니다. 심지어는 힙이나 유방 같은 일부분만으로도 흥분을 합니다.

그러나 여성은 남성의 누드에 그리 쉽게 반응을 보여주지 않습니다. 여자라고 해서 시각이나 청각을 통한 자극을 통해 성적으로 흥분

하지 않는 것은 아니지만, 남자에 비하면 시각적인 자극보다는 섹슈
얼한 공상이나 에로틱한 소설 등에 더 민감한 반응을 보여 줍니다.

이 같은 결과에 대해, 남성의 뇌가 시각적 · 공간적인 기능을 주관
하는 우뇌가 발달되어 있는 데 비해 여성은 언어 능력을 주관하는 좌
뇌가 발달되어 있기 때문이라는 주장이 있지만 명확한 것은 아닙니
다.

어쨌거나 누드를 포함한 포르노라는 것은 성욕의 배출구라기 보다
는 오히려 성욕을 부추기는 도구입니다. 그래서 많은 남성들은 여성
의 누드 사진을 자위의 도구로 사용하기도 합니다. 그러나 여성은 남
성의 누드 사진을 보고 자위행위를 하는 경우가 거의 없습니다.

이러한 신체적인 차이점 때문에 여성을 상대로 하는 남성의 누드,
여성을 노리는 포르노 산업은 이제까지도 발달하지 못하고 있는 것입
니다.

덧붙여 남자의 누드가 없다고 했지만, 전혀 없는 것은 아닙니다. 상
업적으로도 상당히 성공을 거두었다는 하리수의 누드 사진집이 있지
않습니까?

## 야쿠자는 왜 새끼손가락을 자르죠?

일본 영화를 보면 배신하다가 걸린 야쿠자가 두목 앞에서 사죄하는 의미로 새끼손가락을 자르는 장면이 종종 나옵니다. 잔인하기는 하지만, 왜 쓸데없는 새끼손가락을 자를까 라는 궁금증도 생깁니다. 특별한 의미라도 있나요?

## 새끼손가락이 없으면 약속을 못 하잖습니까?

사죄의 뜻만 보이면 충분하니까 없어도 생활에 큰 불편이 없는 새끼손가락을 자르자, 라는 생각에 그렇게 하는 것은 물론 아닙니다.

또 영화를 유심히 보면 알 수 있는데, 그냥 아무 쪽이나 자르는 것이 아니라 보통 오른손에 칼을 쥐고 왼손의 새끼손가락을 자릅니다. 이것이 오른손잡이의 규칙이고, 왼손잡이는 반대로 오른쪽 새끼손가락을 자른다고 합니다.

이렇게 하는 이유는 분명히 존재합니다. 새끼손가락이 없으면 쥐는 힘이 약해져서 검을 단단하게 쥘 수 없게 되기 때문인 것입니다. 장검의 경우에는 두 손으로 칼자루를 잡게 되는데, 오른손잡이일 경우에는 오른손을 앞에 두고 뒤에 왼손을 붙여 쥐는 것이 정석입니다. 이때 사실은 가장 힘이 들어가는 곳이 평소에는 별 쓸모 없다고 여겨지는 왼손 새끼손가락입니다. 즉, 새끼손가락을 잘라버리면 검을 제대로 다룰 수 없게 되므로 싸움을 하기 어렵게 된다는 이치입니다. 그러므로 새끼손가락을 자르는 행위는, 칼을 드는 것이 글씨 쓰는 것보다 중요한 야쿠자의 세계에서는 가장 치명적인 행위이고, 바로 그렇기 때문에 의미 깊은 사죄가 되는 것입니다. 물론 요즘에는 그 세계에서도 칼보다 총을 쓰는 일이 많아져서 실제로는 새끼손가락이 그렇게 대단한 중요성이 없다고 하지만 여전히 상징적인 의미로 그런 새끼손가락 절단이 행해진다고 합니다.

칼 잡는 일 외에도 잘 생각해 보면 새끼손가락이 없으면 불편한 일이 한 두가지가 아닐 것입니다. 우선 「새끼손가락 걸고 약속!」 할 때도 불편할 것이고, 「코딱지 파기」에도 상당히 불편할 것입니다. 무엇보다도 「귀지 파기」에는 오른손 새끼손가락으로 왼쪽 귀까지 파야하니 엄청 불편하겠지요?

# 딸꾹질이 멈추지 않으면
# 정말 죽나요?

정말이지 하루 종일 딸꾹질이 나와서 힘들었던 적이 있습니다. 그때 주변 사람들이 딸꾹질이 멎지 않으면 죽을 수도 있다고 하던데, 정말 그럴 수도 있나요?

# 죽을 때까지 딸꾹질을 하면
# 정말 죽습니다

지겹게 딸꾹질이 멈추지 않아 고생한 사람이 적지 않을 것입니다. 하지만 딸꾹질이란 흉부와 복부 경계에 있는 횡경막이 경련을 일으키는 상태를 말하며, 그 자체는 특별히 이상한 상태는 아닙니다.

원래 횡경막은 사람이 호흡을 하는 데 상당히 중요한 역할을 하는 부분입니다. 횡경막이 위축되면 복부가 압박을 받고, 한편 흉곽이 넓어져 자연스럽게 공기가 폐 속으로 흘러 들어가는 것입니다. 반대로 횡경막이 늘어나면 흉곽은 작아지고 공기가 폐에서 나가게 됩니다. 이것이 정상적인 호흡 구조인데, 횡경막이 경련을 일으켜 호흡 운동과 일치하지 않게 되는 경우가 있습니다. 이렇게 경련을 일으키면 정상적인 호흡과는 별도로 숨을 들이마시게 되고, 그로 인해 성대와 그 주위가 진동하므로 「딸꾹」하는 소리가 나와 버리는 것입니다. 결코 즐거운 일은 아니지만 호흡은 정상적으로 가능하므로 생명과는 무관하다고 할 수 있습니다.

그렇지만 「딸꾹질하다가 죽는다」라는 말이 아주 틀린 말은 아닙니다. 요독증(尿毒症) · 알코올 중독 · 니코틴 중독 · 간염 · 간암, 심지어 뇌종양 등이 원인이 되어 딸꾹질을 일으킬 수도 있기 때문입니다. 특히 개복 수술 후에 딸꾹질이 나는 것은 상당히 위험한 징조일 수 있으므로 생명을 잃을 수도 있습니다. 그러므로 딸꾹질에도 가끔은 건강의 이상이 아닌가 하고 신경을 써 줄 필요가 있다고 하겠습니다.

괴테는 세상을 뜨면서 마지막에 이렇게 말했다고 합니다 ─「좀 더 빛을!」. 그런데 마지막에 「딸꾹」하는 소리만 남기고 죽는다면, 몹시 허망하겠죠?



딸꾹질을 멈추게 하는 데, 일반적으로는 냉수를 쉬지 않고 마신다거나 놀라게 한다거나 하는 방법을 쓴다. 병원에서도 이런 방법을 쓰기는 하지만 그 정도로 멈추지 않을 때는 보다 강력한 방법을 동원한다.

코와 입을 막고 배에 힘을 주는 발살바법을 비롯, 안구에 압력을 주는 방법, 미주신경을 자극하는 경동맥 주위를 마사지하는 방법 등등이 그것이다. 또 경우에 따라서는 위장의 가스를 제거하기 위해 코를 통해 위장에 튜브를 집어넣기도 하며, 클로르프로마진 같은 약을 투약하기도 한다. 아주 드물지만 약물 치료에도 반응이 없으면 횡경막을 지배하는 신경을 절단하는 수술을 하는 경우마저 있다.

## 금주와 금연, 어느 쪽이 더 힘들죠?

주변에서 담배를 끊겠다는 사람이 많은데, 차라리 술을 끊어도 담배는 못 끊을 거 같습니다. 과연 술과 담배, 어느 쪽이 더 끊기 어려울까요?

## 그야말로 막상막하!

대부분의 사람들 또한 「만약 담배나 술 둘 중 어느 한쪽을 끊어야만 한다면 어느 쪽을 끊겠는가?」라고 물으면 「술」이라고 대답합니다. 술은 참을 수 있지만 담배는 참을 수 없다, 초조하다, 담배를 끊으려고 해도 무의식 중에 손이 간다, 등등이 대부분의 이유입니다. 담배를 피우는 사람은 담배가 잠을 자는 시간을 뺀 모든 일상 속에 용해되어 있기 때문에 담배를 끊기란 너무나 어렵다고 말합니다. 그래서 그런지 금주 보다는 금연에 관한 책이나 금연 상품 등이 더 많이 나오고, 더 많이 팔리고 있습니다.

사실 담배로 인한 니코틴 중독은 중독성만을 따지자면 다른 어떤 마약보다 강력한 중독성을 가지고 있습니다. 더구나 상당히 심한 니코틴 중독이 되더라도 당장 눈에 띄는 중독자의 참담한 몰골은 보이지 않습니다. 그저 「줄담배」라는 말을 듣는 데에서 머무는 것입니다. 강한 중독성에 중독에 대한 사회적인 비난이 약하다는 점에서 담배를 완전히 끊기는 참으로 힘든 일입니다.

이에 반해 술로 인한 알코올 중독은 한번 심한 중독 상태에 빠지면 일상적인 생활을 할 수 없을 정도로 아주 비참한 지경에 이르지만, 알코올 중독성 자체는 그리 강하지 않으므로 심각한 중독 상태까지 빠지는 경우는 상대적으로 적습니다. 또 담배와는 달리 낮에는 술을 권하는 사람도 없으므로 주위의 유혹도 담배보다는 훨씬 약하다고 볼 수 있습니다.

이러한 이유들로 단순하게 결론을 내리자면 담배를 끊는 일이 술을 끊는 일보다 어렵다고 할 수 있겠습니다.

그러나 이것은 단기적 측면에서의 결론일뿐입니다. 「끊는다」, 다시 말해서 다시는 입에 대지 않겠다고 한다면 술을 끊는 것이 더욱 어렵다고 볼 수도 있습니다. 한 두 달도 아니고 일년 내내, 혹은 평생 동안 회사의 회식 자리나 친구들의 모임에 가서도 한 방울도 마시지 않고 지낸다는 것은 우리나라와 같은 환경에서는 불가능에 가깝다고 말할 수 있을 것입니다.

중독에서 벗어나는 과정에서 겪게 되는 금단 증상은 담배 쪽이 훨씬 강하고, 극복하기도 힘든 것이 분명합니다. 하지만 알코올 중독에서 벗어나기 위한 것도 아니고 술로 인해 돌이킬 수 없는 큰 실수를 저지른 것도 아니면서 「그냥 건강을 위해 술을 끊겠다」는 목적으로는 평생동안 끊기 어렵다는 얘기입니다.

과음으로 머리가 아픈 아침에는 「다시는 술 마시나 봐라」라고 금주를 결심했다가도 며칠 지나서 친구들이 「한 잔 어때?」라고 하면 그 결심을 까맣게 잊고 마는 것이 보통입니다.

알코올 중독의 피해 중 하나인 기억력 저하 탓에 결심을 잊어버린 건지, 아침에 술이 덜 깬 상태에 헛소리를 했던 것인지는 본인만이 알 일이지만….

# 사랑을 하면 아무 생각 없어진다?

머리가 멍한 것이, 「그 사람」 생각만 나고 집중이 잘 안 됩니다. 주변 사람들도 「아무 생각없군」하고 놀리기도 합니다. 다른 사람들도 사랑에 빠지면 이렇게 멍~ 해지나요?

# 남들 약 올리지 마세요

「악취와 사랑은 숨길 수 없다」라는 말이 있습니다. 진짜 사랑에 빠진 사람은 아무리 그 사실을 숨기려고 해도 온 몸으로 드러나는 사랑의 표시들을 숨길 도리가 없는 것입니다.

사랑에 빠진 적이 있는 사람은 경험한 바이겠지만, 저만치에서 사랑하는 사람의 모습이 눈에 들어오기만 해도 심장이 두근거리는 자신을 느낄 수 있습니다. 그러나 사랑은 단지 정신적인 상태에 불과한 것이 아닙니다. 사랑에 빠진 사람은 육체적으로도 분명히 다른 모습들을 보여줍니다. 사랑하는 사람을 만났을 때 설레이는 느낌이 드는 것은 단지 기분 탓이 아니라 육제적인 반응인 것입니다.

그런 설레임을 구체적으로 말하면 이렇습니다.

호흡이 빨라지고, 혈압이 올라간다. 동시에 위나 장은 수축한다. 그리고 손에는 땀이 배인다.

이런 몸의 반응은 스스로 숨기고 억제하려고 해도 마음대로 되지 않습니다. 왜냐면 이러한 반응들은 체온이나 맥박처럼 자신의 의지로는 제어할 수 없는 자율신경의 작용에 의한 것이기 때문입니다.

어떻게 사랑하는 사람을 보는 것만으로도 그런 반응이 일어나는 것일까요? 먼저 좋아하는 사람을 보게 되면 그 이미지가 뇌로 전달되고, 대뇌의 여러 부위에서 처리되면서 「내가 사랑하는 사람」이라는 판단이 내려집니다. 그 판단은 다시 시상하부나 뇌하수체로 보내지고, 「사랑하는 사람이다」라는 자극으로 흥분된 시상하부는 자율신경의 하나인 교감신경을 흥분시키게 됩니다. 그리고 이로 인해 아드레날린이라는 호르몬이 다량으로 분비되는데, 이 아드레날린이 주로 심장이나 혈관 등의 순환기 계통을 자극하는 역할을 하므로 가슴이 두근거리고 얼굴이 빨개지는 것입니다. 몸 전체가 약간의 흥분 상태에 들어가는 것이라고 할 수 있지요.

그런데 사랑에 빠지면 그냥 멍하니 창 밖을 바라보며 히죽거리는 모습도 보이게 됩니다. 좋아하는 사람이 곁에 없을 때에도 마음은 그 사람에게 쏠리고, 사랑의 기쁨에 잔잔히 젖게 되는 것입니다.

이것은 사랑에 빠졌을 때 뇌 안에서 발생하는 물질 탓입니다. 그 사람을 떠올리기만 해도 행복하게 느껴지는 것은 도파민이나 엔돌핀이라는 신경전달 물질의 작용에 의한 결과입니다. 그리고 이러한 물질의 분비는 단지 사랑의 행복감을 느끼게 해주는 데 그치지 않고, 사랑의 중추라고도 할 수 있는 대뇌변연계를 자극하여 그 사람을 사랑하는 마음을 더욱 강하게 만들어 주기도 합니다.

재미있는 것은 그 물질들이 마약과 비슷하다는 점입니다. 도파민은 히로뽕과 비슷하며, 엔돌핀은 아편이나 모르핀과 같은 작용을 합니다. 인공적인 마약처럼 강력하지는 않지만 이러한 뇌 안의 물질들이 동시에 작용하면 뇌 신경이 상당히 흥분되면서 때때로 황홀한 상태가 되기도 합니다. 사랑에 빠진 사람이 멍하니 넋나간 모습을 보이는 이유가 바로 여기에 있는 것입니다.

　좋아하는 사람을 앞에 둔 흥분 상태든, 사랑의 기쁨에 빠진 황홀 상태든 간에 집중력과 냉정함과는 거리가 먼 정신 상태라고 할 수 있습니다. 그러므로 일상 생활에서는 물론이고 다른 중요한 판단에서 실수를 할 확률이 높아집니다. 사랑에 빠지지 않은 다른 사람이 보기에는 「쟤, 정신 나갔네」라고 말하는 것이 무리도 아닌 것입니다.

　하지만 막상 사랑에 빠진 사람보다 더 정신 못 차리는 부류의 사람도 있습니다. 사랑에 빠져 허우적거리는 모습을 바라만 봐야 하는 주변의 노총각 노처녀가 그들입니다. 특히 남몰래 마음에 두고 있던 사람이 딴 사람과 사랑에 빠져 있는 것이라면 부러움과 질투가 범벅이 되어 상당한 흥분 상태에 빠지게 되므로 정신 못 차리는 경우도 있는 것 같습니다.

# 다이어트 하면 그것도 작아지는 건 아닐까요?

남자친구가 느닷없이 다이어트를 하겠다고 나섰습니다. 나이답지 않게 불룩한 아랫배가 빠진 그의 모습을 상상하면 기특하기는 하지만 걱정도 조금 있습니다. 다이어트를 하면 그 부분의 살도 빠지는 건 아닌가 해서요. 솔직히 말해서 「가는 것」은 별로 거든요.

# 맘대로 되는 일이 아니랍니다

그런 걱정을 하는 것도 무리는 아닙니다. 실제로 여자들의 경우에는 다이어트의 결과로 가슴이 작아지기도 하기 때문입니다. 그러니 남자도 다이어트를 하면 페니스의 지방이 빠져서 가늘어지는 것이 아닐까 하는 의문을 가질 수도 있을 것입니다.

그러나 그런 일은 일어나지 않습니다. 사람의 체중이 주는 것은 근육이 줄었을 경우와 피하지방이 줄었을 경우, 두 가지가 있습니다. 그렇지만 남성의 그곳은 근육 조직으로 이루어져 있지 않습니다. 본래 근육이 아니니까 다른 곳의 체중이 감소해도 그곳이 가늘어지는 일은 일어날 수 없습니다.

또 그곳에는 피하지방이 붙지도 않습니다. 발기를 하기도 하고 평소대로 줄어들기도 하는 등 길이나 부피에 상당한 변화를 수시로 겪어야 하는 페니스는 그에 대비하여 다른 장소의 피부에 비해 유연하고 움직이기 쉬운 피부를 가지고 있습니다. 또한 그렇기 때문에 피하지방이 쌓이기 어려운 부분이기도 한 것입니다.

「아냐, 난 거시기도 살쪘어」라는 사람이 있는데, 잘 관찰해 보면 페니스 자체가 아니라 포피 부분이 지방으로 약간 두꺼워진 경우에 불과합니다.

결론적으로, 아무리 다이어트를 해도 그곳은 가늘어지지 않는 것입니다.

만일 다이어트로 페니스가 가늘어질 수 있다면, 그 반대로 살을 찌우거나 웨이트 트레이닝으로 근육을 붙이면 페니스가 두터워질 수도 있겠지요. 그렇다면 세상의 상당한 남자들은 자진해서, 혹은 아내나 여자친구의 등쌀에 못 이겨 헬스 클럽에서 「거시기 단련 운동」을 하고, 텔레비전의 홈쇼핑에서도 각종 단련 기구를 팔지 않겠어요?

# 물개가 정말 정력에 좋나요?

정력하면 물개라고 말하지 않습니까? 그게 정말인가요? 그리고 그 물개의 생식기인 해구신을 먹으면 정력에 좋다고 하는데, 정말 효과가 있는 건가요? 구해서 먹어보겠다는 것은 아니고 그냥 궁금해서요.

# 정력이 좋아지면 그걸 활용할 상대는 있나요?

물개는 지금도 일본 근해 등에서 가끔 보이기는 하지만 한국에서는 거의 볼 수 없는 동물로, 세계적인 보호를 받고 있는 동물입니다. 크기는 수컷의 경우에는 2m에 무게도 200kg이나 됩니다.

이 물개들이 대단한 정력을 가지고 있다는 것은 동물학자들의 관찰로 이미 확인된 바 있습니다. 물개들의 세계는 대단한 남성 중심 사회로서, 겨울을 지내고 번식을 위해 땅에 오를 때도 수컷들이 먼저 상륙하여 각자의 세력권을 만든 다음에 암컷들이 상륙하는 방식을 취하고 있습니다.

그렇지만 가만히 있어도 암컷들이 알아서 세력권으로 들어오는 법이 없으므로 인간 사회와 마찬가지로 수컷들은 암컷들을 유인하기 위해서 필사적인 「작업」을 벌여야 합니다. 이러한 결과, 한 마리의 수컷이 평균 40마리, 많게는 100마리나 되는 암컷을 맞아들입니다. 숫자도 어마어마하지만, 동물들의 세계인 만큼 암컷들 또한 부끄러워하는 일 없이 적극적으로 달려드므로 수컷은 100마리나 되는 암컷을 상대

 알아서 남 주나

로 거의 먹지도 않고 그저 오로지 섹스에만 열중한다고 합니다. 그러니 물개의 정력에 대한 소문은 의심할 나위 없는 사실인 것입니다.

그러나 남성의 정력에 최고라는 물개의 생식기 - 해구신에 대한 효과는 100% 진실이라고 하기 어렵습니다. 물론 한방에서는 해구신이 남성의 발기부전에 좋고 약해진 정액 생산 능력을 높여주며 몽정과 정신 허약, 중풍에 좋고 허리와 무릎을 따뜻하게 해주는 효과가 있다고 밝히고 있습니다. 그렇지만 평소에 영양가 높은 음식들을 먹고 있는 요즘 사람들의 관심은 그런 데에 있는 것이 아니라, 얼마나 정력을 북돋워 주느냐에 있다고 하겠습니다. 그러나 이 부분에 대해서는 실제로 먹어본 사람의 얘기가 저마다 다릅니다. 「엄청났다」는 사람도 있지만, 「비아그라만 못하다」는 사람도 많은 것입니다.

사실 해구신의 성분을 보면 별다른 것이 없습니다. 단백질이 주성분으로서 영양가는 오히려 낮은 편입니다. 그러므로 남성 정력에 대한 효능은 「효과가 있을 것」으로 강하게 믿는 데에서 오는 심리적 현상일 것으로 추측됩니다.

무엇보다도 물개는 보호 동물이라서 해구신 자체가 불법이므로 개·소·수달피·바다표범 등을 이용한 가짜가 판치는 상황입니다. 구하기도 힘든 판인데 일부에서는 그냥 해구신은 별 효과가 없고 발정기 상태의 수컷 물개의 것만이 효과가 있다고 하니, 도대체 어디서 어떻게 그런 것을 구한단 말입니까?

끝으로 잊지 말아야 할 것은 물개의 세계와는 달리, 인간 세계에서는 단지 정력이 세다고 여자들이 몰려드는 것이 아니라는 점입니다. 정력은 엄청 센데, 도무지 그 정력을 발휘할 여자 짝이 없다면 그보다 서글프고 고통스러운 일이 어디 있겠습니까?

　모든 물개 수컷들이 40마리 이상의 암컷을 거느리는 것이 아니다. 단 한 마리의 암컷과도 짝을 못 이루는 노총각 물개도 있는 것.
　이러한 노총각 물개는 다른 물개들의 즐기는 모습을 보다가 더 이상 참지 못하고 암컷을 빼앗으려고 남의 세력권에 뛰어들기도 하는데, 그러다가 몰매를 맞아 목숨이 위험해지는 경우마저 있다고 한다.

# 다른 털들은 왜 길게 자라지 않죠?

긴 생머리는 정말 청초하면서도 섹시하다고 생각합니다. 그렇지만 제가 알기로는 눈썹이나 다른 부분의 털들은 그렇게 길게 자라지 않는 것으로 알고 있습니다. 왜 그런가요?

# 길게 기르고 싶으네요?

머리칼은 자르지 않고 내버려두면 사람의 키보다 더 길게 자랄 수도 있지만 눈썹은 태생적으로 그렇지 않습니다. 눈썹이 길어서 눈앞을 가리니까 미장원이나 이발소에 가서 잘라야겠다는 사람은 본 적이 없을 것입니다. 남에게 보여줄 일이 거의 없는 음모 또한 마찬가지입니다. 너무 무성하고 길게 자라서 「물건」을 찾을 수 없다는 사람 또한 본 적이 없을 것입니다. 기껏해야 섹시하게 디자인된 팬티를 입자니 양 옆으로 좀 비져 나와서 조금 정리한다는 정도일 테지요. 마치 더 길어지면 불편할 것을 아는 양, 적당한 길이 이상 자라지 않는 것입니다. 그 외에도 겨드랑이 털을 비롯한 팔이나 다리의 털도 머리칼처럼 길어지는 법이 없습니다.

이렇게 되는 것은 털의 수명과 자라는 속도가 다르기 때문입니다. 머리털의 수명은 1.5~7년인데, 눈썹의 수명은 28~150일이 고작입니다. 또 머리털은 하루에 약 0.3mm씩 자라지만 눈썹은 약 0.18mm로 아주 느립니다. 느리게 자라므로 길게 자라기도 전에 수명이 다해 빠져 버리는 것입니다.

실제로 계산해 보면 150일 X 0.18㎜, 즉 눈썹은 길어 봤자 27㎜을 넘지 못한다는 결과가 나옵니다. 음모의 경우에는 눈썹과 같은 속도로 자라지만 수명은 1년 반 정도밖에 되지 않습니다.

멋지게 길러 보고 싶은 사람이 있다고 해도 가르마를 탈 수 있는 길이가 되기 전에 빠지고 마는 것입니다. 뭐, 짧아도 무스를 쓰면 가르마도 할 수 있고, 세울 수도 있겠지만… .



재미있게도 눈썹의 경우에는 나이를 먹을수록 수명이 길어진다. 그러므로 젊었을 때에는 눈썹이 짧았는데 나이를 먹으면서 긴 털이 나는 사람도 있게 된다.

신선 그림을 그릴 때 수염과 눈썹을 아주 길게 그리는 데에도 일리가 있는 것이다.

## 혀 짧은 소리 내는 사람, 정말 혀가 짧나요?

정말 예뻐서 굉장히 좋아하는 여자 탤런트가 있는데, 혀 짧은 소리를 낸다고 해서 영 연기력은 인정받지 못하고 있는 것 같습니다. 그런데 정말 혀가 짧아서 그런 걸까요? 만일 선천적으로 그런 거라면 본인으로서는 억울한 일 아닌가요?

## 예쁘니까 다 용서합니다

상대역인 남자 주인공의 이름은 「준상」인데, 항상 「둔상」라고 들리는 발음을 하던 여자 탤런트가 생각나는군요. 드라마가 엄청난 인기를 얻었으면서도 정작 그 여자 탤런트의 발음은 인터넷 등에서의 우스개거리로 돌아다니는 통에 본인은 참 고민이 많았다고 합니다.

그런데 그런 소리를 내는 사람은 정말로 혀가 짧을까요? 우리 몸 어느 한 곳 중요하지 않는 부분이 없지만 말을 하는 데 있어서는 혀처럼 중요한 역할을 하는 것이 없습니다. 우리는 의식하지 못하고 그냥 말을 하지만, 그 말하는 순간 순간마다 혀는 턱 안쪽에 닿았다가 떨어졌다가 둥글게 말렸다가 움츠리는 등등 그야말로 쉴 사이 없이 움직이고 있는 것입니다.

그러므로 혀에 문제가 있으면 발음이 불분명하게 됩니다. 그러나 사고로 인해 혀를 다친 경우가 아니라면 말을 하는 데 지장을 줄 정도로 짧은 사람은 거의 없습니다. 「혀 짧은 소리」의 원인은 실제로 혀가 짧은 것이 아니라 혀의 운동 미숙에 있습니다. 이것은 마치 어린 아이들의 발음이 명확하지 않은 것과 마찬가지로, 정확한 발음을 위해 혀가 제 때 제 위치로 움직여 주지 못하기 때문에 일어나는 현상입니다. 따라서 혀의 길이와는 아무 관계가 없으므로, 훈련을 통해서 얼마든지 교정이 가능합니다. 그래서 자신의 육성을 그대로 관객에게 전달하는 연극배우 같은 경우에는 명확한 발음을 위해 많은 훈련을 하기도 합니다. 선천적이라고 변명할 수 없는 부분인만큼 연기를 직업으로 하는 사람들이라면 명확하지 못한 발음은 노력 부족이라는 말을 들어도 어쩔 수 없다고 할 수 있겠습니다.

그렇지만, 발음이 좀 그렇다고 해도 예쁘면 다 용서할 수 있는 거 아니겠습니까?

## 힙과 가슴, 어느 쪽이 먼저 처지죠?

글래머라고 할 수 있는 저는 남들보다 힙과 가슴에 볼륨이 있거든요. 지금은 제 맘에도 꼭 들 정도입니다. 하지만 한편으로는 나이가 들어가면서 힙이나 가슴이 처지지 않을까 걱정도 됩니다. 힙과 가슴, 어느 쪽이 먼저 처지죠?

## 중력의 법칙에서 벗어날 도리가 있겠습니까

여성의 몸이 가장 아름답게 균형이 잡히는 시기는 10대 후반에서 20대 초반입니다. 피부는 탱탱하게 탄력이 붙고 바디라인은 여성미 넘치는 곡선을 그리게 됩니다. 그야말로 황금 시대로, 이 시기에는 다소 살이 찐 사람조차 싱싱하게 느껴질 정도입니다. 하지만 그런 좋은 시절은 그리 길지 않습니다. 보통 20대 후반부터 조금씩 체형이 변하기 시작하기 때문입니다.

피부에 기미가 생기기도 하고 눈가에 잔주름도 보이기 시작합니다. 그래도 기미나 주름 같은 것은 요즘 나오는 「고성능」 화장품으로 위장이 가능하기 때문에 그나마 위안이 되지만, 몸 이곳저곳이 처지는 데에는 정말 손 쓸 도리가 없을 정도입니다. 체형을 보정해 준다는 각종 속옷들을 몸에 끼워 맞추고 애를 써 보지만, 아무리 그래도 그 밉살스러운 살들이 어디로 사라지는 것은 아니니까요.

이러한 처짐은 지방이 쌓이고 근육이 탄력을 잃기 때문에 일어나는 현상입니다. 특히 피하지방은 몸 전체의 균형을 엉망으로 만들어 놓기 때문에 중요한 포인트에 조금만 쌓여도 몸매가 망가진 것처럼 보이고 맙니다.

일반적으로 지방은 엉덩이·허리에서부터 배, 유방, 넓적다리 순으로 쉽게 쌓입니다. 이는 가슴 쪽보다는 힙에 지방이 더 쉽게, 더 많이 몰린다는 의미이므로 처지는 것도 힙이 가슴보다 먼저 탄력을 잃고 처집니다.

그렇지만 거의 지방으로 이루어진 유방과는 달리 근육 위에 지방이 붙어 있는 형태의 힙은 정기적인 운동으로 지방을 연소시키고 근육을 조여 주면 탄력 있는 힙을 유지할 수 있습니다. 물론 가슴 쪽도 유방 조직 바로 아래에 위치한 대흉근 단련 운동을 통해 처지는 것을 얼마간 막을 수가 있습니다.

요컨대, 방바닥에서 마냥 뒹구는 20대보다 노력하는 30대의 몸매가 더 아름다울 수 있다는 것입니다. 매일매일 얼굴 화장에 들이는 시간의 반만이라도 운동을 한다면 분명 멋진 몸매를 오래 오래 유지할 수 있지 않을까요?

한편으로는 가슴이나 힙이 처지는 것도 중력의 법칙에 따른 결과니까, 무중력 상태인 우주로 나가면 처지지 않을 것 같다는 생각도 드는군요.

 알아서 남 주나

# 독을 조금씩 먹으면 저항력이 생길까요?

옛날에 로마나 중국의 황제들이 독살 당할 위험을 피하기 위해 평소에 조금씩 독을 먹어서 저항력을 키웠다는 이야기를 들은 적이 있습니다. 그게 실제로 가능한가요?

# 독살을 당하지 않는다고 한들…

사람의 몸에는 「면역항체반응」이라는 것이 있습니다. 인체에 해로운 병균이나 화학물질이 들어왔을 때, 그에 대응하는 물질을 만들어 내서 건강을 유지하게 되는 것입니다. 각종 질병의 예방 주사들이 만들어진 원리도 바로 이 「면역항체반응」에 있습니다.

이 「면역항체반응」은 병균뿐만 아니라 복어 독 같은 데에도 적용이 됩니다. 식중독을 일으키지 않을 정도로 적은 양의 독이 몸에 들어오면 「약물대사효소」라고 불리는 물질이 항체로 만들어지는 것입니다. 그러므로 복어독과 같은 경우에는 조금씩 양을 늘려 가면 차츰 더 강한 저항력을 가질 수 있는 몸으로 훈련할 수도 있습니다.

그러나 복어독이라고 해도 어느 정도 수준을 넘으면 아무리 평소에 저항력을 키웠다고 한들 여지없이 식중독에 걸리므로 완전한 저항력을 가질 수 있는 것은 아닙니다. 더구나 비소나 청산가리 같은 맹독은 아주 조금만으로도 충분한 작용을 하므로 몸에 저항력을 기르고 말고 할 것도 없이 목숨을 잃게 됩니다.

　　결국, 황제들이 평소에 독을 조금씩 섭취하여 독살의 위험에 대비했다는 이야기는 그저 이야기에 불과하거나, 황제가 바보라서 한 짓일 뿐이라는 것입니다.

　　더구나 독살보다 교통사고로 인한 사망이 더 많은 현대임을 생각해 볼 때, 독 보다는 자동차 충돌에 대한 저항력을 기르는 편이 더 현명하다고 하겠지요. 가능하기만 하다면 말입니다.

# 고래는 어떻게 섹스하죠?

생각해 보니 고래는 물고기가 아니라 포유류 아닙니까? 그럼 당연히 섹스도 포유류다울 것 같은데, 그 몸집으로 대체 어떻게 사랑을 나누는 건가요?

# 열심히 한다고 합니다

일반적으로 어류들은 포유류처럼 직접적으로 성기를 접촉하여 섹스를 나누지 않습니다. 암컷이 알을 낳아 놓으면 그 위에 수컷이 정자를 뿌리는 형태를 취하지요. 그러므로 우리 사람이 보기에는 생식 활동이라고 할 수는 있어도 섹스라고 하기에는 무색할 정도입니다.

그렇지만 포유류들은 그야말로 섹스를 나눕니다. 하지만 다른 동물들은 사람처럼 다양한 체위로 사랑을 나누지 못하고, 암컷 뒤로 윗몸을 일으킨 수컷이 다가가 목적을 달성하는 단순한 형태밖에 없습니다. 사람들이 흔히 말하는 후배위라는 체위이지요. 이런 동물들의 체위는 작은 햄스터에서부터 코끼리처럼 큰 몸의 짐승까지 모두 같습니다. 그래서 목 길고 몸집이 큰 기린이 사랑을 나누는 모습은 에로틱하다기 보다는 그야말로 대단한 구경거리라고 합니다.

그렇지만 같은 포유류라고 해도 고래는 이례적으로 후배위가 아니라 정상위로 섹스를 합니다. 고래를 연구하는 사람들의 목격담에 따르면 흑고래가 가슴지느러미로 상대를 껴안은 상태로 바다 위로 뛰어 오르는 광경을 본 적이 있다고 합니다. 그리고 그대로 쓰러져 바다 속으로 들어갔다고 하는데, 아마 두 마리가 바다 속에서 섹스를 하다가 숨이 가빠졌기 때문에 물 위로 잠시 뛰어 오른 게 아니겠냐는 것이 전문가의 관측입니다.

암컷과 수컷이 마주보고 섹스를 하는 정상위라고 해도 그 엄청난 몸으로는 결코 간단한 일 같지 않으리라 생각됩니다만, 물 속은 무중력에 가까운 상태이고 고래의 생식기 크기도 1m를 훨씬 넘는 엄청난 크기이므로 아기 고래 만들기가 어렵지만은 않을 것 같습니다. 물론, 정상위라고는 해도 암컷이 위로 가는지, 수컷이 위로 가는지는 명확하지 않은 모양입니다.

사람이나 마찬가지로 하다 보면 위 아래가 뒤바뀌기도 하고 그런 거겠죠.

알아서 남 주나

# 처녀막 수술을 하면 정말 감쪽같나요?

결혼 날짜를 잡았습니다. 속이고 싶지는 않지만 처녀막 수술을 생각할 수밖에 없는 상황입니다. 과연 그 수술이면 감쪽같이 속일 수 있을까요?

# 완전한 백 투 더 「처녀」는 어렵지요

이제는 그런 경향이 많이 사라졌지만, 아직도 결혼 전의 여자는 처녀여야 한다는 것을 「강요」하는 분위기가 남아있는 것이 사실입니다. 그리고 처녀를 판별하는 방법으로 처녀막의 유무를 이용하는 것도 여전합니다.

이러한 사회의 관행이 바람직한 것이든, 바람직하지 않은 것이든 간에 행복한 가정을 꾸려나가는 데 걸림돌이 되어서는 안 되므로 많은 여성들이 결혼 전에 처녀막 재생 수술을 원하기도 합니다.

처녀막 재생 수술이란, 간단히 말하자면 성행위나 다른 이유로 파열된 처녀막을 파열하기 전의 상태와 비슷하게 만드는 것입니다. 수술은 파열된 막을 봉합하여 놓는 방법으로서 특별히 어려운 것은 아닙니다.

그러나 그 효과에 대해서는 사람에 따라 다르므로 한 마디로 잘라 말하기는 어렵습니다. 처음 성 관계로는 처녀막이 몇 조작으로 간단하게 파열이 되어 있어서 복구도 손쉽지만, 여러 차례 성 관계를 거듭한 상태라면 처녀막 조직도 거의 남아 있지 않으므로 복구가 사실상 어렵습니다.

또한 한번 파열된 처녀막은 혈관이 거의 없는 조직이라서 재생 수술을 한다고 해서 원래의 모양 그대로 복구될 수 없습니다. 그러므로 재생 수술이 성공적으로 이루어졌다고 해도 첫날밤의 성 관계에서 반드시 출혈이 생긴다는 보장은 하기 어렵습니다. 그러므로 처녀막 재생수술을 하기 전에는 전문가와 충분히 논의하여 결정해야 바라던 결과를 볼 수 있을 것입니다.



처녀막을 영어로 하면 히멘(Hymen). 이는 그리스 신화에 나오는 결혼의 신의 이름으로 히메나에오스(Hymenaeos)라고도 한다.

처녀막에 결혼을 상징하는 신의 이름이 붙여져 있는 것을 보면 옛날부터 처녀막을 처녀의 증거로 여겼다는 것을 알 수 있다.

서양의 의학용어들을 우리말로 번역할 때 처녀막이라고 하지 않고 그냥 「히멘」이라고 했더라면 지금처럼 처녀막에 대한 불필요하고도 잘못된 집착이 생기지 않았을지도 모른다.

# 비아그라라고라?

　첫사랑이 한참 무르익어 어찌어찌 하여 손이라도 잡게 되고, 팔짱이라도 끼게 되면 온 천하를 얻은 듯 남부러울 것이 없는 게 사람이다. 어떤 이는 이 때의 감동을 온통 하늘이 핑크빛으로 보이는 것 같다는 말로 표현하기도 한다.

　그러나 요즈음에는 하늘이 핑크빛으로 보이는 것이 아니라 방안에서 노란 하늘을 보는 사람들이 있다고 한다. 바야흐로 피임약의 발명 이래 20세기의 가장 위대한 발견이라는 비아그라를 복용한 사람들 중에서 일부가 자기 몸을 생각하지 않고 「과로」한 끝에 하늘이 노래지는 경험을 하게 된다나?

　비아그라는 본래 영국에서 협심증의 치료제로 개발 중이던 실데나필이란 약제가 발기부전 증상을 가진 채 실험에 참여했던 고혈압 환자가 자신을 치료하는 간호사를 보고 발기를 일으키는 부작용(?) 아닌 부작용을 보이면서 개발된 약이다. 당시 협심증 치료제를 개발하던 제약회사는 그 부작용을 발견하자 마자 재빨리 개발 방향을 돌려 발기부전 치료제로 완성시킨 것이다.

　그리고 그 효과는 대단하여서, 당시 임상 실험에 참가하였던 많은 환자들이 임상 실험을 하고 남은 약을 제약회사에 돌려주지 않는 기현상마저 빚었다고 한다.

　이 비아그라라는 약물이 가진 또 다른 재미있는 현상은 본인이 야한 생각을 할 때에야 비로소 약물의 최대 효과가 나온다는 점이다. 비아그라는 다른 발기 유발 약물과는 달리 생리적인 발기 과정에서 음경으로의 혈액 유입을 차단하는 효소의 작용을 억제하므로써 발기가 시들지 않고 유지할 수 있게 도와주는 역할을 하기 때문이다.

어쨌거나 일단 세워야 약효도 나타난다는 이야기인데, 물론 남성으로서는 야한 생각을 하는데 어려움을 겪을 사람은 별로 없을 것이다. 오히려 야한 생각을 안 하기가 어려운 것이 남성의 생리이기 때문이다. 그래서 영국에서는 어떤 두 여성이 칵테일 바에서 마음에 드는 남성을 골라 몰래 비아그라를 먹이고 강간을 했다는 신종 범죄까지 보도된 바 있다.

최근 남성 의학의 비약적인 발전으로 발기부전 원인 중 대부분이 심인성이 아닌 기질성 장애로 밝혀진 바 있다. 그에 따라 치료 방법에서도 상당한 연구 개발이 이루어져 이제는 대부분의 증상에 대해 치료가 가능해졌다. 그리고 그 가운데 개발된 비아그라는 성 혁명의 방아쇠가 될 것이라는 평가가 있을 정도로 효과적이었다.

사실 지금까지 개발된 치료법 중 비아그라보다 효과가 탁월한 방법이 없었던 것은 아니다. 그러나 이제까지의 어떤 치료법도 비아그라만큼 세상 사람들의 주목을 끌지는 못했다. 술자리라고 해도 남성의 자존심과 관계되는 말이기에 자신의 발기 장애를 드러내놓는 사람은 그리 많지 않았던 것이다. 이렇게 수면 아래 감춰져 있던, 침실에서의 은밀한 트러블을 세상 밖으로 끌어내 활짝 펼쳐 놓은 것이야말로 비아그라의 가장 강력하고도 진정한 효과라고 할 수 있지 않을까?

그러나 분명히 지적하고 싶은 것은 비아그라는 정력제가 아니라는 사실이다. 성기능 장애의 만병통치약은 더더구나 아니다. 자신의 몸에 대한 점검이나 의사의 처방도 없이, 진짜인지 가짜인지도 모르고 함부로 먹다가는 오히려 큰일을 치를 수도 있는 것이다.

막연히 약을 찾을 것이 아니라 역시 전문의를 찾아보는 것이야 말로 최선의 방책이다. 비아그라보다 더 좋은 것을 찾아 줄 수도 있는데, 좋은 기회를 몰라서 놓치고 있는지도 모르지 않은가.

# 3

내 몸을 알고
네 몸을 알면 백전백승하느니라

# 왜 「2차」는 실망스러운 경우가 많죠?

룸사롱에 가 보면 정말 예쁜 여자들이 즐비하여 놀랍습니다. 하지만 막상 2차를 나가게 되면 실망스러운 경우가 많은데요, 아무리 직업적으로 대하니까 그런다지만 몸에서 느껴지는 게 없을까요?

# 같이 취해 보네요

호스티스의 임무는 매상 – 술이나 안주를 많이 팔 수 있도록 하는데 있음은 손님으로 가는 남성들도 잘 아는 사실. 그러므로 호스티스들은 술을 많이 권하기도 하지만 자기 자신도 많이 마십니다.

문제가 되는 것은 바로 이 술입니다. 소량의 알코올이 심리적인 긴장을 완화시켜 주고 마음을 풀어 주어서 성욕을 강하게 해 주는 것은 분명합니다. 하지만 취하는 느낌이 들 정도로 마시면 오히려 신체적 능력이 떨어집니다. 젊은 남성에게 음주 운전으로 걸릴 정도의 술을 먹이고 포르노 영화를 보여주니 발기력이 떨어지더라는 연구 결과도 있습니다.

이러한 현상은 남자뿐 아니라 여자에게도 마찬가지로 적용됩니다. 술을 많이 마시면 성적 흥분에 대한 생리적 반응이 떨어지고 오르가슴의 쾌감이나 강도도 작아진다는 결과가 보고되고 있습니다.

더구나 같은 술을 마셔도 여성들은 신체적으로 남성보다 알코올 중독에 쉽게 걸린다는 특성이 있습니다. 그러므로 매일 술을 마셔야 하는 호스티스들은 자신도 모르게, 가벼운 알코올 중독 증세를 가지고 있는 경우가 많습니다. 그리고 이러한 알코올 중독에는 여성의 신체에 호르몬 불균형을 일으킴으로써, 식욕부진·피로감·생리 이상을 일으키고 불감증으로 몰아넣는 부작용이 숨어 있기도 합니다.

남성은 술에 취해 성욕만 왕성할 뿐 막상 자신의 성적 능력은 상당히 다운된 상태. 여자는 술에 취해 몸도 피곤하고 불감증. 이리니 남자가 상당히 애를 써도 별로 느껴지는 것이 없다고 대부분의 호스티스들은 고백합니다.

간단하게 생각해서, 호스티스들이 「2차」가 좋으면 돈을 받고 가겠습니까? 오히려 남자들이 호스티스들에게서 돈을 받고 나가겠지요.

 알아서 남 주나

# 웃으면 주름이 늘어나나요?

　웃으면 주름 생긴다고, 웃음을 참고 눈가를 손으로 누르는 여자들 있잖아요? 전에는 그 꼴이 밉살스럽기만 했는데, 막상 내가 나이를 먹고 보니 정말로 웃으면 주름이 생기지 않을까 싶어 걱정스러워집니다. 정말로 주름이 생기나요?

# 웃음 참는 게 더 웃기던데요

　사람의 얼굴에는 아주 많은 근육이 피부 아래 숨어 있습니다. 사람이 동물들보다 훨씬 다양한 표정을 지을 수 있는 것도 이러한 근육들 덕분으로, 근육 종류만 해도 무려 20가지로 분류될 만큼 다양합니다. 이러한 근육들을 표정근이라고 부르는데, 다른 근육들과 마찬가지로 그 유연성은 사람에 따라 조금씩 다릅니다. 다른 근육과 마찬가지로 얼마나 자주 사용하느냐에 따라 유연성이 높아지기도 하고 유연성을 잃고 굳어지기도 하는 것이지요. 그러므로 표정이 없는 사람은 이 표정근이 굳어져서 점점 다양한 표정을 짓고 싶어도 짓기 어렵게 됩니다.

　이러한 표정근은 다양한 종류가 조화롭게 움직여서 여러 가지 표정을 만들어 냅니다. 그리고 그 근육들의 움직임은 우리가 겉으로 보는 표정보다 더 복잡하고 심오합니다. 예를 들어 정말로 기쁘거나 우스워서 미소를 짓는 경우에는 표정근들이 긴장하는 것이 아니라 오히려 이완되지만, 억지로 웃는 경우에는 표정근들이 잔뜩 긴장하여 어렵게 웃음을 만들어 내는 것입니다.

그리고 이러한 표정근의 움직임은 피부에도 반영됩니다. 정말로 우스운 경우이든, 강요에 의해 억지로 웃는 것이든 간에 웃음은 일단 피부에 주름을 만듭니다. 그러나 진심으로 웃는 웃음은 표정근들의 이완 수축이 절묘하게 어울려 있으므로 피부에 깊은 주름을 만들지 않습니다. 반면 무리하게 웃으려고 하면 전체 얼굴 근육이 경직되면서 긴장하기 때문에 피부의 주름도 깊어집니다. 결과적으로 억지 웃음만이 얼굴 주름에 나쁜 영향을 미친다는 것인데, 이것 하나만 봐도 정말 우리 몸은 심오하다고 하지 않을 수 없습니다. 하여간 이러한 이치로, 웃으면 주름이 생긴다는 얘기가 전혀 얼토당토한 말이라고 할 수만은 없다고 하겠습니다.

그런데 주름이란 웃을 때보다 화를 낼 때 더 많이 생긴다는 사실을 아시는지? 화를 내면 표정근의 움직임도 좋지 않지만, 무엇보다도 혈관이 가늘어지면서 일종의 동맥 경화 상태가 되어 버리기 때문에 피부의 노화나 주름을 촉진시키는 결과를 가져온다는 것입니다.

그렇다고 해도, 주름을 방지하기 위해 화내지도 않고, 웃지도 않을 도리는 없겠지요? 만일 그렇게 할 수만 있다면 그거야말로 부처님의 경지라고 할 수 있을 것입니다. 그러고 보니, 절에 있는 불상들의 얼굴에 주름 하나 없는 이유가 바로 그 때문인지도 모르겠군요.

 알아서 남 주나

# Q 사랑을 하면 예뻐지나요?

사랑을 하면 예뻐진다는 말이 있던데, 주변 사람을 보면 정말 그런 것 같기도 합니다. 그게 그저 화장이나 미용에 신경을 쓰기 때문인가요? 아니면 정말 신체적인 변화도 일어나는 것인가요?

# A 미운 오리새끼가 백조가 되는 것은 아닙니다만

사랑에 빠지면 예뻐진다는 것은 분명한 과학적 사실입니다. 사랑을 하게 되면 우선 뇌하수체에서 「프로락친」이라는 호르몬의 분비가 활발해집니다. 이 호르몬은 모유의 분비를 촉진시키는 역할을 지니고 있는데, 이에 그치지 않고 피부 혈색을 좋게 만들어 윤기를 더해 주는 작용도 동시에 하는 것입니다.

또한 사랑에 빠져 성적인 자극을 받으면 여성 호르몬 중 난소에서 분비되는 「에스트로겐」과 「프로게스테론」이라는 난포 호르몬의 분비가 원활해집니다. 이 난포 호르몬은 정자가 자궁경관을 지나 자궁 속으로 들어가는 것을 돕는 역할을 하기도 하지만, 한편으로는 피부의 신진대사를 촉진시키고 콜레스테롤의 증가를 억제해 동맥경화를 막는 작용도 하고 있습니다.

이렇게 사랑은 호르몬의 분비를 촉진시켜 여성을 여성답게 만드는 데다가 정신적으로도 플러스 작용을 합니다. 좋아하는 사람을 만났다는 사실, 그와 기분 좋은 시간을 보낼 수 있으리라는 기대 등등이 마음에 활력을 주게 되고, 그런 마음은 그 사람의 표정이나 동작으로 나타나기 마련인 것입니다. 그러한 생기 있는 모습에 옷이나 화장, 미용에도 노력을 기울일 테니 예뻐지지 않을 수 없는 것이겠지요. 미운 오리새끼가 백조가 되는 것처럼 획기적인 변화는 일어나지 않지만 사랑의 미용 효과는 분명하다고 할 수 있습니다.

설령, 객관적으로 예뻐지지 않았다고 한들 어떻겠습니까. 한 남자의 눈에만 「콩깍지」를 확실히 씌워 놓으면 그걸로 충분한 거지요.

## 트랜스젠더도 스튜어디스가 될 수 있나요?

　　원래는 남자로 태어났지만 나중에 여자로 성을 바꾼 하리수를 보면 보통 여자보다 더 여성스러운 모습입니다. 그런데 만일 하리수가 여자들의 인기 직업인 스튜어디스가 되고 싶다고 한다면 항공회사에서 받아 줄까요?

## 하리수야 어느 쪽이든 인기 만발이겠지만…

　　미국을 비롯한 유럽 쪽 비행기를 타면 우리가 상식적으로 그리는 20대의 젊고 아름다운 스튜어디스가 아니라, 엄청난 거구에 나이도 상당한 여성을 어렵지 않게 볼 수 있습니다. 왜냐하면 그 쪽 나라의 스튜어디스는 노조까지 있어서 결혼을 했다고 나가라고 눈치 먹는 일도 없고, 본인도 결혼을 했으니 그만두어야겠다고 생각하는 일도 없기 때문입니다. 그래서 때로는 임신으로 배가 불룩한 스튜어디스도 볼 수 있습니다. 뿐만 아니라 스튜어디스와 똑같이 손님에게 서비스를 하지만 여성이 아니라 남성인 경우도 흔히 있습니다. 탑승객의 서비스에 남녀가 따로 있을 수 없다는 남녀평등 차원에서 뿐만이 아니라, 늘어나는 여성 손님을 위한 스튜어드라는 자리가 있는 것입니다.

　　나아가 인권 차원에서 동성애자나 트랜스젠더의 취업에 불이익을 주지 않도록 되어 있는 미국에서는 트랜스젠더의 항공회사 취업도 금지된 바 없습니다. 그리고 비행기 회사에 따라서는 성전환한 남성이 스튜어디스와 똑같이 스커트를 입고 일하는 곳도 있다고 합니다.

그렇지만 우리나라에서는 성전환 수술 후의 외모가 어떻든 간에 트랜스젠더는 법적으로 등록된 호적상의 성(sex)를 바꿀 수 없게 되어 있습니다. 다시 말해, 남자의 주민등록번호는 바뀌는 일이 없으므로 만에 하나 항공회사에 취직되어 비행기 승무원으로 일하게 되더라도 스튜어디스 복장을 하고 일할 수는 없을 것으로 생각됩니다. 다만, 스튜어드로서 일하는 것은 이론적으로는 가능하겠지요.

뭐, 하리수 정도의 미모라면 스튜어드로 바지를 입든 스튜어디스로 스커트를 입든 간에 무슨 상관이 있겠습니까만은.

# 왜 하필 말 XX죠?

왜 남성의 성기를 얘기할 때 흔히 말의 것에 비유하지 않습니까? 생각해 보면 그보다 더 큰 것들도 있을 것 같은데, 왜 하필 말 xx죠? 특별한 이유라도 있나요?

# 조상들의 지혜가 숨어 있는 비유라고나 할까요?

언제 누가 그런 말을 시작했는지 모르지만, 보기에 늠름한 남자의 생식기를 말할 때, 말 수컷의 생식기에 비유한 「말 xx」라는 단어를 쓰기도 합니다. 다소 비하하는 느낌의 단어이기는 하지만, 남성들의 마음 속에 「큰 물건 신화」가 뿌리깊이 박혀있다는 증거라고도 할 수 있습니다. 페니스가 클수록 여성을 기쁘게 해줄 수 있고, 따라서 여성들도 「큰 것」을 좋아한다고 맹목적으로 믿고 있다는 막연한 믿음의 표현이기도 한 것입니다. 여성 자신은 크기에 그리 연연하지 않는다는 과학적인 자료들이 얼마든지 있지만, 그래도 많은 남성들은 여전히 물건의 크기에 집착하고 있는 것이 사실입니다.

그러지 않아도 사람은 몸집에 비하면 여느 동물에 비해 상당한 크기의 페니스를 지닌 존재입니다. 사촌격인 영장류와 비교해 봐도 일본 원숭이의 발기 시 페니스 길이는 5~6cm, 가장 사람에 가까운 유인원인 침팬지의 그것은 고작 8cm에 불과합니다. 또 유인원 중에서 몸이 훨씬 큰 오랑우탄은 오히려 페니스가 작아서 발기해 봤자 4cm

정도밖에 되지 않습니다. 확인된 바로는 신장 2m, 체중 200kg의 고릴라도 발기했을 때의 페니스 길이는 고작 3cm 정도입니다.

물론 이것은 인간과 비슷한 영장류와의 비교일 뿐, 다른 동물과 비교를 해 보면 이야기가 좀 달라집니다. 일반적으로 페니스의 크기는 몸이 큰 동물일수록 크다는 경향이 있습니다. 코끼리는 그 거대한 체구에 걸맞게 1.8~2.1m의 페니스를 갖고 있으며, 지구상에서 가장 큰 동물인 고래 중 어떤 종류는 세로 3m, 가로 1m의 「기둥」 같은 페니스를 가진 것도 있습니다.

그런데 어차피 큰 것에 대한 비유라면 더 큰 코끼리나 고래를 놔 두고 하필 말에 비유해 말xx라고 했을까요? 그것은 그냥 나온 말이 아니라 상당한 과학적 근거가 바탕이 된 비유라고 생각됩니다. 원래 원숭이 · 곰 · 여우 · 개 등 육식, 잡식 동물의 페니스에는 음경골이라고 하는 뼈가 들어 있습니다. 하지만 사람의 생식기에는 잘 알다시피 뼈가 없습니다. 이렇게 뼈가 없는 것은 소나 말 같은 초식동물의 생식기 유형인데, 어찌된 일인지 사람에게는 초식동물처럼 음경골이 없는 것입니다.

더구나 동물에 따라 페니스의 모양도 다른데, 인간을 닮은 침팬지는 끝으로 갈수록 점점 가늘어지는 모양을 가지고 있는 반면, 말의 그것은 끝부분에 사람의 귀두처럼 돌출된 부분이 있어서 남성의 페니스와 모양까지 흡사합니다.

「음경골이 없으니 느낌도 비슷하고 모양까지 흡사하다. 더구나 크기도 납득이 간다」

이러한 과학적인 관찰 결과를 바탕으로 하여 우리의 일부 조상들이 말xx라는 지혜로운 비유를 만들어 낸 것은 아닐까요?

 알아서 남 주나

얘, 도대체
넌 경마장에
와서 뭘 보는
거니

# 남자도 유방암에 걸리나요?

일본의 스모 선수들을 보니 가슴이 장난 아니더군요. 모양은 전혀 아름답지 못하지만, 그래도 크기만 따지면 보통 여자들보다 훨씬 큰 것 같습니다. 그런데 그렇게 크면 혹시 젖이 나오거나 유방암에 걸리거나 하지 않을까요?

# 부유(父乳)라는 말 들어 본 적 있나요?

우리나라의 씨름과는 달리 일본의 스모는 체급별로 진행되지 않습니다. 더구나 경기 규칙상 씨름판에서 상대를 밀어내기만 해도 이기기 때문에 스모 선수들은 일부러 체중을 늘리려고 많은 노력을 기울인다고 합니다.

그러니 그 몸은 기형적이라고 할 정도여서, 엉덩이든 배든 간에 축축 늘어질 정도로 살이 쪄 있는 모습을 볼 수 있습니다. 가슴 부분도 여자의 아름다운 유방과는 비교할 바가 아니지만 상당한 크기로 튀어나와 있는 것을 볼 수 있습니다.

이런 스모 선수들뿐만 아니라, 비만한 남자들 중에서도 웬만한 여자보다 더 육중한 가슴을 가지고 있는 경우가 드물지 않습니다. 하지만 남자는 남자입니다. 아무리 가슴이 나와 있더라도 남자의 가슴에는 여자의 가슴처럼 유선이 발달되어 있지 않고 젖을 생산해 낼 수 있을 정도의 호르몬도 분비되지 않으므로 젖이 나오는 일은 없습니다.



알아서 남 주나

사실 젖을 모유(母乳)라고 부르는 까닭도 어머니만의 고유한 능력이기 때문입니다.

그러나 유방암에는 걸릴 수 있습니다. 실제로 유방암 환자 중 1%는 남성이라는 보고가 있습니다. 암은 사실상 몸의 어느 곳에나 생기는데, 남성에게도 가슴이 있는 이상 그 부분에 암이 생길 수도 있다는 말입니다.

이러한 남성의 유방암은 보통 50대에서 60대 사이에 많이 생기는데, 드물게 생기는 만큼 초기 발견이 어렵기도 하고 여성의 유방암 보다 수술 후 재발 확률도 높아서 치료가 어려운 편입니다.

그렇지만 스모 선수처럼 가슴 큰 남성이 유방암에 걸리기 쉬운 것은 아닙니다. 암에 걸리는 원인의 대부분은 외상이나 유선의 이상적인 비대. 또는 질병 치료나 여성을 동경하여 여성 호르몬을 장기 투여한 탓에 생기는 것으로 여겨지고 있습니다. 다시 말해 그 외형적인 크기와는 큰 관련이 없는 것입니다.

여담으로, 일본의 스모 선수들의 가슴에는 브레지어가 필요할까요 필요하지 않을까요? 정답을 말하자면 필요하더라도 맞는 사이즈가 없어서 사용하지 못한다는 것입니다. 뿐만 아니라 맞는 사이즈가 없어서 런닝 셔츠나 내복도 입지 못한다고 하네요.

 **여자끼리도 성병이 옮나요?**

여성동성애자들 간에도 당연히 섹스라는 것이 있겠지만 일반적인 남자와 여자와의 결합과는 다를 것 같습니다. 우선 몸의 일부가 직접 들어가는 일도 없을 테고…. 그래서 생각인데, 그들 간에도 성병이 전염되고 그러나요?

 **들어가는 게 없긴 왜 없나요**

어찌된 일인지, 성병은 어디에선가 옮는다는 이미지가 강한 것 같습니다. 특히 여성들에게 이런 생각이 강한 듯 합니다. 현실적으로도 여성을 대상으로 하는 매춘이 드문데 반해, 남성들을 유혹하는 매춘은 흔하기 때문에 남성이 그러한 매춘을 통해 먼저 성병이 감염되고, 그 성병이 다시 남자를 통해 여성에게 전염되는 경우가 더 많다고 예상됩니다. 어느 쪽이 병의 원인이든 간에, 일반적인 남성과 여성의 섹스에서는 남성의 성기가 여성의 성기에 직접 접촉하게 될 뿐만 아니라 마찰까지 일어나므로 성병이 전염되는 데에는 최적의 조건이라고 할 수 있습니다.

만일 그렇다면 여성들 간의 섹스는 성병이 전염되지 않을까요? 언뜻 생각하기에, 여성은 남성처럼 「튀어나온 부분」이 없으니까 전염이 쉽지 않으리라 짐작하는 사람도 있는 모양이지만, 사실은 그렇지도 않습니다. 왜냐하면 여성 동성애자들의 섹스에도 삽입되는 것이 없지 않기 때문입니다. 남성의 실물이 아니라 「바이브레이터」, 혹은 「딜도」라고 부르는 일종의 자위 기구라는 점만이 다를 뿐입니다. 그런데 성병이란 남성의 몸에서 직접적으로 나오는 정액 등을 통해 전염되는 것이 아닙니다. 그러므로 만일 성병에 감염된 여성이 썼던 기구를 다른 여성이 사용하면 충분히 성병이 전염될 수 있는 것입니다.

또한 그런 성 기구를 통한 전염이 아니더라도 성병 감염 위험은 여전히 남아 있습니다. 대표적 성병인 임질이나 클라미디아나 질염 등은 삽입 같은 깊은 접촉이 아니라 성기를 마주 비비는 정도로도 충분히 감염될 수 있으므로 여성 동성애자도 성병 치료를 받는 경우가 없지 않은 것입니다.

여전히 동성애자에 대한 편견과 차별이 남아 있는 세상이지만, 적어도 성병균은 어떤 형태의 사랑이든 공평하다고나 할까요?

# 왜 여자는 둘이죠?

　남자는 「하나」 가지고 소변도 보고 아기 만들기도 하는데, 여자의 경우에는 소변을 보는 곳과 섹스를 하는 곳이 각각 다르다고 알고 있습니다. 왜 불편하게 그렇게 만들어져 있는 거죠?

# 피차 편리하도록

　남성은 페니스가 생식기이면서 동시에 소변을 배출하는 역할도 갖고 있습니다. 하지만 여성은 소변의 배출과 생식기가 각각입니다. 즉 남성은 구멍이 하나인데, 여성은 요도구와 질구라는 두 개의 구멍으로 이루어져 있는 것입니다.

　다른 동식물을 보면 알 수 있듯이 본래 사람의 생식기도 남성과 여성이 별로 큰 차이가 없었다고 합니다. 그것이 진화를 거듭하면서 각자의 역할을 보다 편리하게 완수할 수 있도록 바뀐 것입니다.

　여성의 경우, 임신을 위해서는 남성의 성기와 정액을 받아들여야 합니다. 그런데 만일 남성처럼 소변을 위한 통로와 생식을 위한 통로가 하나로 합쳐진 구조를 가지고 있다면 정액이 자궁으로 들어가 자리를 잡는 대신에 방광으로 들어갈 위험이 따릅니다. 때로는 정액이 소변에 의해 되밀려 나가는 경우도 있을 수 있습니다. 이렇게 되어서는 임신과 출산이라는 생식의 목적을 완수하는 데 방해가 되므로 여자의 몸은 소변을 내보내는 통로와 정자를 받아들이는 통로를 각각 마련하는 방향으로 진화된 것입니다.

반면, 남성은 정자든 소변이든 간에 몸 밖으로 내보낸다는 점에서는 별 차이가 없습니다. 실제로 약간의 소변과 정자가 섞이더라도 임신에 아무 영향이 없습니다. 소변도 체액의 일종이므로 우리가 생각하는 것보다 훨씬 깨끗하여 잡균도 없기 때문입니다. 그러니 정자 배출용 페니스 하나, 소변 보기용 페니스 하나, 이렇게 두 개를 가지고 있을 필요가 없는 것입니다. 만일 남성의 몸이 이렇게 두 개의 페니스로 진화했다면 팬티나 바지의 모양도 지금과는 많이 달라졌을 테지요?

아무튼, 이렇게 「둘」과 「하나」라는 전혀 다른 방향으로 자리잡았으면서도 직접 맞춰 보면 그렇게 딱 들어맞는 것을 보면 사람의 몸은 정말로 오묘한 것 같지 않습니까?

## 섹스가
## 다이어트에 도움이 되나요?

어떤 여성 잡지를 보니, 섹스가 다이어트에 상당한 도움이 된다고 쓰여 있더군요. 분명히 땀도 나니까 운동이야 되겠지만 그게 정말로 살을 뺄 정도의 운동이 될까요?

## 됩니다,
## 남자만 버텨준다면요…

아무래도 섹스에서는 남자가 많이 움직이게 되지만 여성 쪽도 격렬한 섹스는 상당한 운동이 됩니다. 땀도 나고 숨도 거칠어져서 오르가슴이라도 맛본 다음에는 몸이 축 늘어지는 기분이 듭니다.

그렇기는 해도 섹스를 운동이라고 보고, 그 칼로리 연소만으로 다이어트를 하기에는 좀 무리가 따릅니다. 일단, 운동이란 매일 꾸준히 해야 하는데, 상대 없이는 불가능한 운동이 섹스라는 것이라서 운동 효과를 볼 수 있을 정도로 꾸준히 하기가 몹시 어렵다는 단점이 따릅니다. 더구나 파트너의 도움을 어떻게든 받아내 일년 내내 애를 쓴다고 해도 섹스에 의한 지방 연소 효과는 3~4Kg 정도라는 말도 있습니다.

그렇다고 해서 섹스가 다이어트에 도움이 된다는 소문이 틀렸다는 것은 아닙니다. 섹스가 운동 효과를 가짐과 더불어 여성의 식욕에 영향을 미치기 때문입니다.

여성이 섹스를 통해 쾌감을 느끼는 것은 뇌의 복내측핵이라는 곳이 자극에 반응하기 때문인데, 이곳은 배가 부르다는 신호를 감지하는 만복중추 역할도 겸하고 있습니다. 그러므로 섹스를 통해서 복내측핵이 흥분되면 식사를 하고 난 직후처럼 「배가 부르니까 그만 먹자」고 뇌가 판단을 내리게 되는 것입니다. 때문에 섹스로 만족한 여성은 배가 부르다고 느끼고, 그로 인해 식사량도 어렵지 않게 줄일 수 있게 됩니다.

정말 그럴까, 하고 믿어지지 않거든 상대만 있다면 어렵지 않은 실험이니 한번 실험해 보는 것도 나쁘지 않겠지요. 식사 전에 섹스를 하고 나면 상당히 격렬하게 움직인 다음인데도 별로 배고프다는 생각은 들지 않을 것입니다.

뿐만 아니라 섹스를 할 때는 당연히 자신의 벗은 몸을 보여줄 수밖에 없습니다. 평소에는 옷이나 거들 등으로 감추어 둔 살이 알몸이 되면서 여지없이 노출되는 것입니다. 그것도 섹스를 나눌 만큼 좋아하는 사람 앞에서 말입니다. 그러니 당연히 몸매에 신경을 쓰고 노력하지 않을 수 없게 되는 것이지요.

이렇게 신체적인 효과 외에도 심리적인 요인이 곁들여져서 섹스가 여성의 다이어트에 도움이 된다는 것은 부정할 수 없는 사실이라고 할 수 있겠습니다.

그러나 파트너가 있어야 섹스를 통한 다이어트든 뭐든 가능한 것인데, 정말로 다이어트가 절실할 정도의 몸매라면 여간해서는 남자 파트너들을 만들기가 어렵다는 점이 문제는 문제지요.

체중 50kg인 여성이 10분간 계속했을 때의 실제 칼로리 소비량

| | |
|---|---|
| 진한 키스 - 35kcal | 하이힐을 신고 걷기 - 35kcal |
| 온몸으로 꽉 껴안기 - 55kcal | 계단 오르기 - 60kcal |
| 상대에 대한 오랄 섹스 - 28kcal | 목욕 - 29kcal |
| 정상위 - 98kcal | 다림질 - 21kcal |
| 후배위 - 142kcal | |
| 좌위 - 125kcal | |
| 입위 - 215kcal | |

따라서 한번의 섹스로 통상 200 ~ 300kcal를 소비하는 셈이 된다.

## 어른이 되어서도 밤에 오줌을 싸나요?

　초등학교에 들어간 다음에도 종종 이불에 지도를 그려서 야단맞던 기억이 납니다. 그런데 만일 어려서 이불에 오줌 싼다고 야단맞지 않고 자란다면 어른이 되어서도 밤에 오줌을 싸게 될까요?

## 원래 혼자서도 잘 하게 되어 있습니다

　성장이 빠른 아이는 첫 돌이 되기 전에, 늦은 아이라도 만 3년이 지나면 기저귀를 뗄 수 있습니다. 그렇지만 이것은 어디까지나 낮의 경우이고, 밤에 오줌을 가리는 것은 개인차가 더욱 커서 일찌감치 이불 지도 그리기에서 졸업하는 아이가 있는가 하면 초등학생이 되어서도 자주 실수를 하는 아이도 드물지 않습니다.

　이렇게 이불에 오줌을 싸면 그것을 세탁하는데 상당한 수고가 따르기 때문에 부모들은 상당히 야단을 치기 마련입니다. 더구나 초등학교에 입학한 다음에도 자다가 오줌을 싸면 다른 아이들보다 발육 상태가 늦은 것으로 걱정하여 병원으로 찾아오는 부모들까지 있습니다.

　하지만 밤에 오줌을 가리는 것이 다른 아이들에 비해 늦다고 해도 그 자체는 병이 아닙니다. 사실 야단을 치고 훈련을 시키지 않아도 나이가 들면 밤에 자다가 실수로 오줌을 누는 경우가 자연스럽게 사라집니다. 성장함에 따라서 방광을 조절하는 대뇌의 시상하부라는 부분의 성장도 완성되기 때문입니다. 시상하부는 방광을 조절하는 부분으로서, 대뇌가 자고 있어도 이 부분은 깨어 있어서 불침번을 서기 때문에 밤에도 실수를 하지 않게 됩니다. 어렸을 때는 이 부분이 미완성이거나, 완성은 되었지만 기능적으로 충분하지 않아 방광의 출구 근육이 서툰 탓에 깊이 잠이 들면 이불에 실례를 하게 되는 것입니다. 그러므로 이불에 오줌 싸는 행동에 대한 별도의 교육이 없더라도 나이를 먹으면 저절로 오줌을 가리게 되고, 부모님 몰래 젖은 이불을 말리려고 애쓰는 일 또한 일어나지 않게 됩니다.

그렇다고 밤의 애로 사항이 끝나는 것은 아닙니다. 남자의 경우이지만, 사춘기에 접어들면 몽정으로 지저분해진 팬티 때문에 고민하는 일이 생기고 더 나이를 먹으면 잠 안 자는 아내를 두려워 하는 고민으로으로 발전하기도 하니까요.

알아서 남 주나

## 돼지 발정제, 정말 효과가 있나요?

돼지의 교미를 촉진시키기 위해 쓴다는 돼지 발정제를 여자에게 몰래 먹이면 몸이 달아서 어쩔 줄을 몰라하기 때문에 소기의 「목적」을 달성할 수 있다고 들었습니다. 그게 정말인가요?

## 혹시 돼지랑 사귀나요?

암컷 나방은 어둠 속에서 울음소리 하나 내지 않고 가만히 있습니다. 보이지도 않고 소리도 들리지 않지만 수컷들은 그 암컷을 찾아 날아듭니다. 이러한 신기한 일이 가능한 것은 암컷이 발하는 「페로몬」에 의한 것으로 알려져 있습니다. 몸에서 나오는 화학물질의 향기에 이끌려 모여든다는 것입니다.

비단 곤충뿐만이 아니라, 인간도 몸에서 나는 체취에 영향을 받는다고 합니다. 여자 기숙사처럼 여성들이 모여 살고 있는 환경에서는 월경 주기가 같아지는 현상을 볼 수 있으며, 남성의 겨드랑이 밑의 땀을 면봉으로 적셔서 그것을 생리 불순의 여성에게 하루 3번 냄새를 맡게 했더니 몇 달만에 월경주기가 정상으로 돌아왔다는 실험도 있습니다. 이러한 연구로 볼 때 곤충 정도는 아니지만 분명 우리 인간에게도 페로몬에 가까운 물질이 있는 것으로 예상됩니다.

하지만 많은 사람들이 관심을 갖는 것은 월경 주기 따위가 아니겠지요. 그 향기만으로도 이성을 끌어들일 수 있는 성 페르몬이 존재하느냐 않느냐야말로 진짜 관심사라고 할 것입니다. 만일 그러한 성 페르몬이 있고, 그것을 만들어낼 수만 있다면 그 향기로 어떤 사람이든 유혹할 수 있을 테니까요.

실제로 상당한 고등 동물인 돼지에게는 명백한 성 페로몬이 있습니다. 「5-α-안드로스테놀」이라는 물질이 그것으로, 이 물질의 냄새를 맡기만 해도 암컷 돼지는 곧바로 교미 자세를 취하면서 수컷을 갈망합니다. 이 물질은 수컷 돼지의 타액 속에 들어 있는 것으로, 모 탤런트의 「최음제」 발언으로 덩달아 관심을 모으게 된 「돼지 발정제」를 만드는 원료가 되기도 하는 물질로 알려져 있습니다.

돼지는 널리 알려진 바처럼, 인간의 장기 이식에도 쓰일 정도로 인간과 상당한 신체적 유사성을 지니고 있습니다. 그러니 사람들이 돼지에게 쓰는 「발정제」가 사람에게도 통하리라고 믿는 것이 전혀 황당한 발상만은 아니라고 할 수도 있겠지요. 실제로 성인용품점 등에서 판매하는 「이성을 유혹하는 페로몬 향수」라는 제품의 상당수에 이 돼지 발정제의 성분이 들어 있다는 말도 있습니다.

그러나 이 물질이 돼지가 아닌 사람의 여성을 유혹하는 데 효과적이거나 섹스 욕구를 부추긴다는 증거는 아무 데도 없습니다. 실제로 사용해 본 사람들의 말을 들어 봐도 구토와 두통 등을 유발하는 것이 대부분이라고 합니다.

사실, 이 물질은 일부러 돈 주고 사지 않아도 쉽게 구할 수 있습니다. 대표적인 남성 호르몬인 테스토스테론과 상당히 흡사한 물질이 그것으로, 사람의 겨드랑이 등에서 분비되고 있기 때문입니다. 또 버섯 속에도 고농도로 포함되어 있습니다.

그러므로 만약 돼지 발정제가 사람에게도 효과가 있다면 버섯 전골을 먹고 난 다음에 여자들이 성욕에 몸부림쳐야 한다는 이야기가 됩

 

니다. 그렇지만 버섯 전골집에서 밥 먹다가 몸부림치는 여자는 본 적
이 없을 것입니다. 그것이 그렇게 「약발」이 좋으면 러브 호텔 옆에는
항상 버섯 전골집이 자리 잡고 있지 않을까요?



　페로몬이란 그리스어로 「흥분을 가져다주는 물질」이라는 의미. 그 이
름처럼 주로 곤충 등이 이성을 매혹하거나 동료들에게 위험을 알릴 때
, 혹은 개미처럼 행진해 가는 길을 전달할 때 발하는 화학물질이다.
　대부분의 포유류 또한 몸에 페로몬 분비선을 가지고 있는데, 그 분비
물은 보통 자기의 세력권을 표시하는 데 이용된다.

# 「알」이 크면 정력도 강하다?

직접적으로 이용되지는 않지만, 그래도 고환이 크면 그 기능도 왕성하기 때문에 정력도 좋다는 말을 들었습니다. 그 말이 사실인가요?

# 전혀 가능성이 없지는 않지만…

모든 남성들이 「딸랑딸랑」 달고 다니지만, 직접적으로 이용되는 경우가 없기 때문에 고환에 대해서는 비교적 관심이 적은 편 같습니다. 하지만 고환은 정자를 생산하는 기능 외에도 남성 호르몬을 생성하는 내분비기관으로서 남성다운 목소리나 체격 등을 만드는 데 중요한 기능을 수행하는 부분입니다.

정자를 생산하는 곳이고, 외부에 위치하여 눈에도 잘 보이기 때문에 그 크기와 정력의 관계는 오래 전부터 많은 이야깃거리가 되어 왔습니다. 실제로 고환과 남자의 생식 기능에는 분명한 연관이 있습니다. 고환에 이상이 생기면 정자의 생산이 원활하지 못하여 임신을 시킬 수 있는 기능도 떨어지기 마련인 것입니다.

하지만 현대의 많은 사람들이 관심 있어 하는 부분은 정자의 생산 능력이 아니라 얼마나 많은 횟수의 성 관계를 맺을 수 있느냐 하는 부분이겠지요. 흔히 정력이라고 부르는 이러한 섹스에 대한 능력은 체력 전반에 걸친 문제이므로 고환의 크기와는 별 상관이 없다는 것이 정설입니다.

하지만 고환의 크기가 성 생활과 전혀 무관한 것만은 아닙니다. 고환과 성 생활에 대한 미국의 케나기와 트롬블락이라는 학자의 연구가 있습니다. 그들은 133종류의 포유류의 체중과 고환의 무게 비율을 조사한 결과, 체중이 무거울수록  고환의 무게도 증가하지만 그 증가폭이 점점 떨어진다는 사실을 밝혀내고, 이 사실을 바탕으로 체중만으로 고환의 무게를 예상해낼 수 있는 공식을 만들어 냈습니다. 그리고 실제로 동물들에게 공식을 적용시켜 보니 대부분은 예상치에서 크게 벗어나지 않는 고환을 갖고 있음을 확인할 수 있었다고 합니다. 그런데 문제는 공식에 따른 예상치보다 훨씬 큰 고환을 가진 동물이나 그 반대로 덩치에 맞지 않게 작은 고환을 가진 동물도 나온다는 점이었습니다. 그리하여 두 학자는 이러한 오차가 생기는 원인이 무엇인지를 찾다가, 마침내 혼인 형태가 고환의 크기를 결정짓는 요인 중의 하나라는 결론에 다다랐다고 합니다.

예를 들어 예상치보다 큰 고환을 가진 동물들은 복수의 암컷과 교미하는 난혼제의 혼인 형태를 가지고 있음을 밝혀낸 것입니다. 즉 하나의 난자를 둘러싸고 복수의 수컷 정자가 격렬한 경쟁을 벌여야 하는 환경에서는 경쟁에서 이기기 위해서 보다 큰 고환으로 강한 정자를 대량으로 생산할 필요가 있으므로 체격에 비해 고환도 커졌다는 주장입니다.

반면에 예상치보다 작은 고환을 가진 동물의 대표로는 비버가 있는데, 비버들은 잘 알려진 것처럼 물 위에 댐을 만들고 그 안에 견고한 보금자리를 만들고 살기 때문에 다른 수컷의 침입을 받지 않는 환경입니다. 그리하여 엄격한 일부일처제가 되므로 작은 고환으로도 충분하기에 예상치보다 작아도 지장이 없다는 말입니다.

그렇다면 사람은 어떨까요? 인간의 고환의 무게는 고작해야 체중의 0.08%. 동물들 중에는 체중의 8% 이상을 차지하는 것도 있으므로 상당히 작은 편에 속합니다. 그리고 인간은 역시 일부일처제가 많습니다. 고환이 작은 동물은 난혼보다는 일부일처제에 가까운 생활을 한다는 두 미국 연구자의 주장에서 인간도 벗어나지 않는 듯 합니다.

여기서 추측할 때, 고환이 크다고 정력이 좋다고 말하기는 어려울지언정 고환이 남보다 큰 사람은 일부일처제가 아니라 난혼제를 선호할 가능성이 있으리라 예상할 수도 있다는 것이 일부 학자의 주장입니다.

하기야 고환이 크든 작든 간에 남자들이란 죄다 한 여자에 얽매이기보다는 여러 여자들과의 관계를 꿈꾸고 있으니 별 차이가 없다고 보는 게 옳을지도 모르겠군요….

알아서 남 주나

## 왜 남자들은 그렇게 껄떡대는 거죠?

남자들은 봄 여름 가을 겨울을 가리지 않고, 낮이나 밤이나 「그 생각」밖에 없는 것 같다는 느낌을 자주 받습니다. 조금 친해졌다 싶으면 시도 때도 없이 치근덕거리고, 길 가다가도 예쁜 여자만 나오면 저절로 고개 돌아가는 모습을 많이 보거든요. 꼭 그래야 하나요?

## 타고난 팔자가 그러니 어쩌겠습니까

인간은 직립보행과 대뇌피질의 확대로 다른 동물들과는 달리 성 호르몬 분비 리듬에 관계없이 언제라도 섹스가 가능하게 진화되었습니다. 이른바 발정기라는 것이 없어진 것이지요. 하지만 여성에게는 여전히 호르몬 리듬이 있습니다. 그 좋은 예가 월경입니다. 난세포를 배란으로 이끄는 난포호르몬과 난소에서 황체를 형성하고 임신을 지속시키는 황체호르몬 등이 있는데, 이러한 성 호르몬들은 임신을 위한 환경을 만들뿐만 아니라 여성의 몸을 풍만하고 여성스럽게 만들어 주며 성욕을 일으키기도 합니다. 이처럼 여성의 몸은 호르몬의 종류도 다양하지만 일정한 성 리듬을 가지고 있어서 한 달에 한 번 월경이라는 여성들만의 행사를 만들기도 합니다.

그러나 남성의 경우에는 여성의 월경 주기와 같은 또렷한 호르몬 리듬이 없습니다. 다만 최근 연구에서 고환에서 분비되는 남성 호르몬인 테스토스테론의 변동이 관찰되고 있는데, 이 호르몬은 남자다운 저음을 내는 성대를 만들고, 근육 발달을 촉진시키기도 합니다. 뿐만 아니라 이 호르몬은 노여움, 지배욕, 공격성, 성충동 등등 정서면에도 커다란 영향을 주는 것으로 알려져 있습니다.

문제는 이 테스토스테론의 분비량이 정신없이 자주 변하는 데다가 아주 복잡한 주기를 가지고 있다는 데 있습니다. 평균 약 15분마다 변한다고 하며, 하루 중에서도 아침에 분비량이 많고 계절적인 주기까지 있다고 하니 여성과는 비교할 수 없을 정도로 복잡한 것입니다. 더구나 이런 분비량은 외부의 다양한 자극에 영향을 받아 상당한 변화를 보이기도 합니다. 꾸준하면서도 복잡하고 변덕스러운 호르몬 분비, 바로 이로 인해 남성은 항상 욕정을 느끼고 여자만 보면 고개가 돌아가는 것입니다.

그러면 그 문제의 테스토스테론의 분비량을 줄이면 남자들이 지금보다 얌전해지지 않을까요? 이른바 「껄떡대는 모습」은 분명히 사라질 것입니다. 왜냐하면 테스토스테론의 분비량 감소는 바로 성욕 감퇴로 이어지니까요. 그렇지만 동시에 무기력 · 체중감소 · 식욕부진 · 집중력 감퇴와 같은 증상을 피할 수가 없습니다. 이른바 갱년기 증후군이라고 하는 것이 닥치는 것입니다.

결국 남자들이 예쁜 여자만 보면 입이 벌어지는 것도 건강의 증거인 것입니다. 남자란 원래 그런 팔자로 태어났으니, 여성들도 좀 아량을 가지고 봐 주는 편이 좋지 않을까요?

 알아너 남 주나

# 여자도 몽정을 하나요?

여자들이 첫 생리를 하면 주변에서 축하를 해 준다고 하더군요. 이제 여성이 되었다고요. 하지만 남자들은 첫 몽정을 하면 숨기기에 급급하니, 이거야말로 남녀차별인 것 같습니다. 그런데 여자들은 몽정을 하지 않나요?

# 구조부터 남녀차별적입니다

사춘기를 지난 남성이라면 누구나 경험이 있겠지만, 몽정이란 수면 중에 무의식적으로 정액이 배출되는 현상입니다. 어느 학자에 의하면 평균 12살~14살 정도 사이에 첫 몽정을 경험하게 된다고 합니다.

이러한 몽정의 빈도는 사람마다 달라서 매일 밤마다 팬티를 더럽히는 사람이 있는가 하면 몇 년에 한 번밖에 하지 않는 사람도 있습니다. 또 한 번도 몽정을 경험해 본 적이 없는 사람도 드물지 않습니다.

이러한 몽정은 그 명칭에 꿈(夢)이라는 글자가 들어가 있는 것처럼 야한 꿈을 꾸면 거기에 자극 받아 사정을 한다고 알려져 있습니다. 여기에는 과학적인 근거도 있습니다.

남성의 페니스는 자는 동안에도 종종 발기하는데, 그런 현상은 램 수면이라고 하여 몸은 자고 있어도 뇌는 깨어 있는 상태에서 일어납니다. 그런데 꿈 또한 램 수면 중에 꾸는 것이므로, 꿈과 몽정과는 어떤 관련이 있으리라 예상할 수 있는 것입니다.

다만 어떤 내용의 꿈이 몽정을 일으키는 것인지는 명확하게 정의할 수 없습니다. 꿈과는 상관없이 램 수면 상태에서 발기된 페니스가 팬티나 이불 등의 마찰 자극에 민감하게 반응하여 사정이 일어나는 것일 수도 있는 것입니다.

그건 그렇고 본론으로 들어가서, 여성도 몽정을 할까요? 여성의 경우에는 남성과 같은 분명한 사정 형태가 없으므로 몽정이라고 말하기는 어렵지만, 자고 있는 여성의 성기를 관찰해 보면 성적인 흥분 상태를 일으키는 것을 알 수 있습니다. 질 내에 분비액이 보이고, 조금이나마 클리토리스도 팽창하는 것입니다. 그런데 재미있는 것은 여성의 경우에는 램 수면기 뿐만 아니라 뇌까지 잠든 논램 수면기에도 같은 현상이 일어난다는 점입니다.

그러니 이론적으로 말하자면, 여성들은 남성들보다 몽정을 더 많이 경험할 수 있으면서도 눈에 보이는 사정은 없으므로 남자들처럼 남에게 들킬세라 팬티를 빨아야 하는 곤란을 당하지 않아도 된다는 것입니다. 알고 보니 더더욱 남녀차별적이지요?



몽정은 성욕을 조절하려는 자연스러운 생리 현상의 하나이다. 그러므로 성욕을 해결할 상대가 없는 상태라면 한 달에 2~3회 정도는 정상이라고 할 수 있다.

그러나 쾌감을 느끼지 못하고 사정하거나 발기되지 않고 사정하는 것은 정상이라고 할 수 없다. 이러한 현상이 일어난다면 반드시 병원에 가서 진찰을 받아야 할 것이다.

# 「그거」, 무슨 맛이 나나요?

남자나 여자나 일종의 액체가 나오잖아요? 그게 도대체 무슨 맛이
나나요? 먹어도 되는 건가요?

# 직접 맛을 보면 알 건을…

과거에는 죄악시 되었던 오랄 섹스가 일반적인 섹스의 한 부분으로
인정되면서 체액에 대한 궁금증도 커지게 되었습니다.

우선 남성의 경우를 보면, 발기된 다음 성적 흥분이 고조되면 사정
에 앞서 요도구에서 투명한 분비액이 나오게 되어 있습니다. 쿠퍼선
액이라고 불리는 것으로 약알칼리성의 체액입니다. 평소에는 오줌으
로 인해 산성 상태이기 마련인 요도를 정자가 지나가기 쉽게 만들려
고 약알카리성의 쿠퍼선액이 길을 내주는 것입니다. 그리 많지 않은
양이지만 실제 섹스 시에는 윤활 작용을 도와주기도 합니다.

그리고 정액이 있습니다. 정액은 정자와 수분이 대부분이며 단백
질·석회분·미네랄·효소 등이 포함되어 있습니다.

한편, 여성의 분비액에는 남성의 쿠퍼선액에 해당하는 것으로서 요
도구 아래에서 분비되는 바르톨린선액이 있습니다. 또 자궁 쪽에서는
자궁경관액이라고 하는 윤활액이 분비되는 것으로도 알려져 있습니
다. 두 가지 모두 여성이 성적으로 흥분하면 나오게 됩니다.

그렇다면 맛은 어떨까요? 사실, 애액(愛液)이라고도 부르는 이 체

액의 원래 기능은 섹스와 임신을 돕기 위한 데 있지 먹는 것이 아니므로 맛 따위는 논할거리가 아닙니다. 그래서 그런지 남성의 그것은 「오징어 맛」, 「쓴맛」, 「단맛」 그리고 「아무 맛도 안 난다」라는 대답이 나오고 있습니다. 또 여성의 것은 「삶은 달걀 맛」, 「치즈 맛」, 「말린 오징어 맛」 등 다소 발효식품 쪽의 냄새와 맛을 지니고 있는 것으로 알려지고 있습니다. 그리고 남자나 여자나 「기본적으로 다소의 비린내 같은 것이 난다」는 것이 맛을 본 사람들의 공통된 대답입니다. 결론적으로 그리 향기롭거나 맛있는 편은 아니라는 얘기가 되는데, 신체 중에서도 거의 햇빛을 볼 일도 없고 항상 습기가 있어서 세균의 영향을 받기 쉬운 곳임을 생각하면 당연한 일일지도 모르겠습니다.

하지만 이러한 맛에 대한 느낌은 체액 자체보다도 남녀의 몸에서 나는 냄새나 상대방에 대한 정서적인 측면이 합쳐지면 그리 간단하게

말하기 어려운 것이 되고 맙니다.

원래 사람의 입맛이란 제각각이므로 도저히 참을 수 없다는 사람도 있을 테고, 기꺼운 마음으로 접하는 사람도 있을 것입니다. 어쨌거나 맛을 보는 것은 자기자신이 아니라 상대방이 되므로 강요하는 것은 좋지 않겠지요?

혹시 상대방이 자꾸 오랄 섹스를 거부한다면 먼저 자신이 직접 맛을 본 다음, 맛에 자신이 있다면 권해 보는 것은 어떨까요?

# 여자들도 아침에 서나요?

아침에 눈을 뜨면 멋대로 불쑥 솟아 있는 것을 보게 됩니다. 그 모양을 보면 아침의 몽롱한 상태에서도 왠지 성욕을 느낍니다. 여자들이야 그렇게 눈에 띄는 변화는 있을 수 없겠지만, 뭔가 비슷한 변화가 일지 않나요?

# 본래 하나였으므로…

여자도 분명 아침에 발기를 합니다. 이렇게 말하면 「설 게 뭐 있어」라고 고개를 갸웃거릴지도 모르지만, 남성에게 페니스가 있다면 여성에게는 클리토리스라고 하는 기관이 있는 것입니다. 이 클리토리스는 자극에 민감하며, 성적으로 흥분하게 되면 페니스와 마찬가지로 피의 흐름이 늘어나면서 크기가 커집니다. 클리토리스는 페니스에 비해 그 크기가 확연히 작으므로 남성처럼 눈에 확 띄게 발기하는 것은 아니지만, 그 메커니즘은 남성의 발기와 마찬가지입니다. 그러므로 남성들이 아침에 경험하는 발기 또한 여성에게도 똑같이 일어납니다.

그도 그럴 것이, 여성의 클리토리스와 남성의 페니스는 임신 5개월 경까지 동일한 기관으로 성장할 정도로 깊은 유사성을 가지고 있습니다. 물론 5개월이 지나면서부터는 성별에 따라 저마다의 발달 경로를 밟아 가면서 제각각의 모습으로 완성되지만, 이렇게 발생 당시의 연관이 깊은 만큼 남성의 페니스와 똑같이 팽창한다는 현상이 이상할

게 없는 것입니다.

그러면 왜 남자나 여자나 이러한 「아침 현상」이 일어나느냐 하는 의문이 생기기 마련입니다. 그러나 그 명확한 해답은 아직도 밝혀지지 않고 있습니다. 사람의 수면 상태에 따라 발기가 일어나는 것은 이미 관찰된 바 있지만, 그 원인은 남성 쪽이나 여성 쪽이나 모두 명확한 원인을 밝혀내지 못하고 있는 것입니다.

어쨌거나 남자나 여자나 건강한 사람이라면 다소 성적으로 흥분한 상태로 아침을 맞게 된다는 것만은 분명합니다. 그래서 종일 일하고 나서 피곤하게 돌아온 밤에 나누는 섹스보다 아침에 사랑을 나누는 것이 더욱 좋다는 사람도 있습니다.

충분히 일리 있는 이야기이지만, 키스를 나누기는 좋지 않은 것 같더군요. 아침 입냄새라는 것이 있으니까요….



클리토리스의 표준 사이즈는 고작 3~4cm 정도. 그러므로 보통은 체내에 묻혀 잘 보이지도 않는다. 하지만 발기하면 포피에 덮여져 있던 것이 노출되는 사람도 있다.

# 정자는
# 왜 그리 쓸데없이 많나요?

환경 호르몬의 영향으로 정자 수가 줄고 있다면서 텔레비전에서 우글거리고 있는 정자들의 화면이 나오더군요. 어차피 사용되는 것은 그 중 단 하나일텐데, 그렇게 많아서 뭣에 쓰죠?

# 그냥 인해전술이 아닙니다

보통 남성이 한번 사정하면 그 정액 속에는 무려 2~3억 마리. 그리고 그 중에서 난자와 만나 수정에 성공하는 것은 단 한 마리입니다. 고작 단 한 마리일 뿐인데, 몇 억 마리의 정자라는 것은 상식적으로 생각해도 너무 많다는 느낌을 지울 수 없습니다.

이를 생물학자들은 「강하고 우수한 정자를 선택하기 위한 시스템」이라고 설명해 왔습니다. 여성의 질 속으로 들어간 정자는 난자로 가기 위해 몇 곳의 죽을 고비를 넘겨야 합니다. 그래서 대부분의 정자는 중간에 힘이 다해 죽어 버리고, 3억 마리로 출발한 정자 중에서 난자의 모습을 멀리서나마 볼 수 있는 것은 고작 수십 마리에 불과합니다. 그리고 잘 알려진 대로 최종적으로는 단 한 마리의 정자만이 골인할 수 있습니다. 이렇게 상상을 초월하는 서바이벌 게임을 통해 최고의 정자를 받아들여 수정함으로써 가능한한 가장 좋은 후손을 남긴다는 것이 예전의 이론이었던 것입니다.

그러나 몇 억 마리의 정자 중에 수정시킬 능력도 없는 정자가 무려

40%나 포함되어 있다는 사실이 밝혀진 이후, 생물학자들은 고민하지 않을 수 없었습니다. 수정 능력도 없는 정자가 만들어져 사정되고 있다는 사실은 기존의 이론으로 제대로 설명할 수 없는 부분이었기 때문입니다.

이 수수께끼에 대한 대답이 나오기 시작한 것은 최근입니다. 영국 맨체스터 대학의 생물학자 로빈 베이커 교수가 그의 저서 「정자 전쟁」을 통해 정자에게는 저마다 역할이 있다고 주장한 것입니다.

먼저 정자 중 40%에 해당하는 수정 능력이 없는 정자들은 공연히 만들어진 것이 아니라 길을 메우고 적을 막는 역할을 맡고 있다고 합니다. 여기에서 말하는 적이란 언제 또 몸 안에 들어올지 모르는 다른 사람의 정자를 말합니다. 이 「방패 막이(blocker sperm)」들은 자궁으로 이어지는 경관에서 분비되는 경관 점액에 머무르면서 충실한 방어막 역할을 한다고 합니다.

그리고 정자 중에는 방패막이보다 재빠르고 적극적으로 적을 공격하는 「킬러(killer-sperm)」도 있다고 합니다. 이 킬러들은 경관이나 자궁 내를 돌면서 적을 찾아내 싸움을 벌이는 역할로, 만약 다른 사람의 정자가 침입해 오면 집중 공격으로 전쟁을 벌이는 것입니다.

그리고 이들의 엄호를 받으며 수정 역할을 하는 것이 최고 엘리트 집단인 「난자 잡이(egg-getter)」라고 합니다.

이런 정자의 역할 분담은 재미 삼아 만들어낸 이야기처럼 들릴 수도 있겠지만, 어디까지나 철저한 조사와 연구 끝에 세워진 가설로서 상당 부분 학계의 인정을 얻은 것입니다.

그렇다고는 해도 아이를 원치 않는 커플들이 늘어나는 요즘에는 단 몇 마리의 정자도 각종 피임 기구로 차단시키고 있는 마당이니, 「3억 마리는 쓸데없이 많다」는 말이 틀리다고 하기도 어려울 것 같군요.

# 도대체 얼마나 버텨야 합니까?

얼마 전, 여자로부터 「조루 아냐」란 말을 듣게 되었습니다. 상당한 충격이었죠. 그런데 도대체 얼마나 견뎌야 조루라는 말을 안 들을 수 있는 건가요?

# 상대가 OK할 때까지

우선 용기를 주는 이야기부터 하자면, 의학적 통계에 따르면 질 삽입에서 사정까지의 평균 시간은 60%가 약 3~5분이라는 결과가 있습니다. 10분 이상인 사람은 고작 전체의 10%.

또 여성이 삽입에서 오르가슴에 도달할 때까지의 평균시간은 대략 10분 이내이므로 만일 남성이 30분이나 1시간 이상을 버틸 수 있다고 해도 대부분의 여성에게는 「헛수고」에 지나지 않다는 것입니다.

사실 「조루」라고 흔히 말하지만 성 의학 연구자에 따라 그 기준은 매우 다양합니다. 삽입 후 2분 이내라는 기준도 있는가 하면 30초 이내라는 견해도 있습니다. 다시 말해 삽입 후 1분만에 사정을 한다고 해도 조루가 아니라는 것이죠. 그럼에도 불구하고 남성들은 좀 더 오래 버텨야겠다고 고민하고 노력하기 마련입니다.

여기에 성 반응·성 행동의 과학적인 분석에 공헌한 미국의 윌리엄 마스터즈와 버지니아 존슨은 조루의 정의를 「여성이 오르가슴에 도달하기 전에 남성이 오르가슴이 될 가능성이 50% 이상 있을 경우」라고 내린 바 있습니다. 다시 말해 조루는 삽입 후 얼마나 견디느냐 하는 시간의 문제가 아니라 상대방에 대한 반응의 문제라는 것입니다. 만일 삽입 전에 충분한 애무로 여성을 만족시킨다면 실제 삽입은 아주 짧아도 별 문제가 안 된다는 견해로서, 이것은 실제 섹스에서도 틀리지 않은 이야기입니다. 여성은 삽입이 아닌 다른 방법으로도 충분히 만족할 수 있기 때문입니다.

변강쇠는 99%의 노력과 1%의 삽입으로도 완성될 수 있는 것입니다.



체위에 따라 지속 시간에도 약간의 차이가 따른다.

남성이 여성 위에 오는 정상위는 가장 흔한 자세이지만 사정 조절이 어렵다. 남성에게 있어서 정상위는 몸 전체의 기능을 공격적·활동적으로 만들어 주는 교감신경이 활발하게 작용하는 자세이기에 조루를 유발하기 쉬운 것이다.

반대로 위를 향한 자세에서는 부교감신경이 작용하므로 흥분을 조정하기 쉽다. 즉, 지속 시간에 자신이 없는 사람에게는 여성이 위가 되는 기승위가 유리하다고 할 수 있다.

아무리 그래도 좀 오래 가고 싶다고 생각한다면 훈련이나 치료를 통해 지속 시간을 늘리는 것도 가능하므로 의사와 상담해 보는 것이 바람직할 것이다.

# 정말 속궁합이라는 게 있나요?

궁합에는 속궁합이라는 게 있어서, 그게 부부 생활을 크게 좌우한다는 이야기를 들었습니다. 이혼 사유의 상당 부분도 사실은 「성(性) 격차」 때문이라고도 하더군요. 정말로 속궁합이라는 게 있나요?

## 나이 대신 나이즈를 묻는 시대가?!

남자의 것도 모양이나 크기가 자세히 살펴보면 제각각 다릅니다. 여성 쪽도 차이는 있습니다. 그러니 각자에게 잘 맞는 궁합이 있지 않을까 하는 생각이 드는 것도 무리는 아닙니다. 노골적으로 말해서, 가늘고 작은 것과 넓은 것은 당연히 맞지 않을 것이고, 너무 큰 것과 너무 좁은 것과는 또 맞지 않을테니 속궁합이란 것도 반드시 있기 마련이라고 하는 사람도 있습니다. 그런 이유로 요즘 속궁합을 먼저 맞춰 보자는 동거도 늘고 있다고 합니다.

분명 남성의 페니스는 개인차가 있습니다. 그러나 여성의 질은 개인차가 별로 없습니다. 게다가 신축적으로 대응할 수 있는 구조이므로 페니스가 크면 거기에 맞춰 질벽도 늘어납니다. 설령 페니스가 작더라도 성적으로 자극을 받으면 거기에 맞춰 수축이 됩니다. 요컨대 성적 자극을 받느냐 못 받느냐의 문제인 것입니다. 또한 질의 가장 민감한 부분은 입구에서 3,4cm 되는 곳이고, 더 깊은 곳은 거의 감각이 없으므로 페니스의 크기는 여성의 쾌감과 거의 관계가 없습니다.

이러한 과학적 근거에도 불구하고 이른바 속궁합이 오랫동안 설득력을 지니고 사람들의 입에 오르내린 데는 나름대로 까닭이 있기는 합니다.

섹스는 성기만을 가지고 하는 것이 아닙니다. 성적인 쾌감 역시 엄밀하게 말하면 성기를 통한 물리적인 자극이 아니라 어디까지나 뇌로 느끼는 것입니다. 또 오르가슴은 서로의 이미지가 일치하지 않고는 성립하지 않습니다. 그러므로 속궁합은 성기의 불일치가 아니라 대부분 성격이나 라이프 스타일의 불일치인 것입니다.

섹스 하나만 따져도 저마다 좋아하는 분위기와 체위가 있기 마련인데, 만일 그런 취향이 서로 다르고 또 서로 양보하려 들지 않는다면 만족스러운 행위가 이루어지기 어려울 테지요. 나아가 생활 속에서도 성격이 맞지 않아 늘 다투게 된다면, 섹스도 즐거울리 없을 것입니다.

결국 속궁합이란 부부 생활 그 자체라고 할 수 있겠습니다. 대화를 중요시하고 성격이나 라이프 스타일이 일치한다면 성기의 차이 따위는 신경쓸 거리도 되지 않는 것입니다.

사람의 몸은 볼트나 너트와는 다릅니다. 만일 남녀의 그곳 차이가 그렇게 중요하다면 아마도 맞선 보는 자리에서조차 「무슨 일을 하세요?」라는 질문 대신 「저, 사이즈가 어떻게…?」라는 질문이 오고 가지 않겠습니까?

 알아서 남 주나

아래는
몰라도 위는
딱 맞아요

## 오늘 나온 건은 언제 만들어진 건가요?

그리 많은 양이 아니기는 하지만 거의 매일 사정해도 모자라는 일이 없다는 것은 신기합니다. 그런데 오늘 나온 것은 도대체 언제 만들어진 거죠?

## 모르죠, 위아래도 없는 애들이거든요

건강한 남성이라면 고환에서 매일 약 1억 마리나 되는 정자가 생산되고 있습니다. 물론 남자가 사정하는 것은 정자가 아니라 정자가 포함된 정액입니다. 그 정액에는 보통 2 ~ 3억 마리의 정자가 포함되어 있습니다.

그렇다면 오늘 사정할 때 나온 정자는 도대체 언제 만들어진 것일까요? 정자는 사춘기를 맞이한 뒤에 뇌의 중추에 있는 시상하부에서 뇌하수체로 자극 호르몬이 보내지고, 그 자극을 받은 뇌하수체가 다시 정소(고환)로 성선 자극 호르몬을 내려보냄에 의해 정조 세포가 분열하여 만들어집니다.

그렇게 20일 정도 정조 세포의 분열을 통해 정소의 곡정세관에서 완성된 정자는 이윽고 부고환에서 정관 팽대부까지 천천히 운반됩니다. 여기에 다시 10~20일이 걸립니다. 이 과정만으로도 한 달 이상이지만, 여기에 그치는 것이 아닙니다. 자리를 잡은 정자는 수명이 다할 때까지 언젠가 있을 기회를 참을성 있게 기다립니다. 그런 정자의 생명은 약 10주입니다. 섹스든 자위이든 간에 만일 한 번도 사정을 하지 않는다면 두 달 반 동안이나 정자가 대기하고 있는 것입니다.

그러므로 오늘 사정한 정자는 넉 달 전에 만들어지기 시작한 것일 수도 있다는 이야기가 됩니다. 물론 상당히 나이 먹은 사람 말고는 두 달 반 동안 어떤 형태로든 사정을 하지 않는 사람은 드물테니, 이것을 감안한다면 가장 「싱싱한」 정자라고 해도 약 한 달 반 전에 만들어진 것이라고 볼 수 있습니다.

그렇지만 정자는 생산된 순서를 지켜서 차례대로 나오는 것은 아닙니다. 예전에 만들어진 것과 갓 만들어진 것이 마구 뒤섞여 세상으로 나오는 것입니다. 찬물에도 위아래가 있다지만, 처절한 생존 경쟁에는 선후배가 있을 수 없는 것이겠지요.

그래 봤자 대부분은 여성의 몸에 들어가 보지도 못하고, 「속아서 뛰어나와」 휴지통으로 들어가 버리고 말지만 말입니다.



정자를 최초로 발견한 사람은 네덜란드의 안토니 폰 레벤후크라는 사람이다. 손수 만든 현미경으로 다양한 생물을 관찰하다가 1677년에 정액 속에서 꼬리를 흔들며 헤엄치는 정자를 발견하고, 그것이 인간의 탄생에 관계된 것임을 밝혀낸 것이다.

그러나 실제로 정자를 가장 먼저 본 사람은 레벤후크가 아니라 당시의 의과대학생 요한 햄이었다. 하지만 그는 썩은 물질에 구더기가 생기듯이 정액 속에서 무엇인가가 생겼다고 착각하는 데 그쳤던 것.

그도 그럴 것이, 당시만 해도 생물은 자연발생적으로 생기는 것이라는 생각이 상식이었기 때문이다.

# 야한 장면을 보면
# 코피가 날 수 있나?

만화나 영화를 보면 엄청나게 섹시한 여자를 보거나 야한 장면을 보게 된 남자가 코피를 터뜨리는 모습이 나옵니다. 정말로 그런 성적인 자극을 받으면 코피가 나올 수도 있을까요?

# 보면서
# 코를 파면 코피가 날 수도

코피를 흘리는 원인은 여러 가지입니다. 감염 등에 의한 염증으로 인한 경우, 혈우병·백혈병·혈소판 감소증 등의 혈액 질환으로 인한 경우, 고혈압·간장 질환 등의 순환장애로 인한 경우가 있으며, 그 밖에 급성 열병·급격한 기압 변동·콧속에 생긴 종양 등으로 인한 경우 등이 있을 수 있습니다. 그러나 역시 대부분은 코를 후비거나, 급만성 비염이나 혹은 감기가 있을 때 코를 세게 풀면 나타나는 외상에 의한 경우입니다.

콧속의 공기 통로라고 할 수 있는 비강에는 온도 조절을 위한 혈관이 많이 모여 있는데, 그 중에서도 동맥의 모세혈관이 모인 키제르바흐라는 부분은 약하기 때문에 작은 충격에도 코피가 나오기 쉬운 것입니다. 특히 아이들의 혈관벽은 어른에 비해 얇기 때문에 코를 어디에 세게 부딪히는 정도만으로도 혈관벽이 찢어져서 코피를 볼 수 있습니다.

이러한 물리적 상처가 아니더라도 키제르바흐라는 부분이 워낙 섬

 알아서 남 주나

세하기 때문에 혈압이 올라가서 터지는 경우가 있습니다. 뜨거운 목욕탕에 오래 있다가 나올 때 현기증이 나면서 나오는 코피가 바로 이와 같은 경우입니다. 하지만 만화나 영화에서처럼 섹시한 여성을 보거나 야한 장면을 봄으로써 코피를 터트린다는 것은 있기 힘듭니다. 성적 자극으로 흥분되면 혈압이 어느 정도 올라가기는 하므로 전혀 근거 없는 이야기는 아니라고 할 수 있겠지만, 코피를 터뜨릴 정도로 혈압이 올라가는 사람은 있기 어려우므로 근거 없는 속설이라고 해야 할 것입니다.

보는 데 머무는 것이 아니라, 만화나 영화에서 나오는 것처럼 섹시한 파트너와 밤낮으로 무리를 한다면 쌍코피가 터질 수도 있겠지요.

# 남극에서 온 친구

  친구 중에 남극기지에서 1년간 근무한 사람이 있다. 그가 갑자기 처자식을 남겨둔 채 홀연히 남극으로 떠났다는 소식을 접했을 때 모두들 의아해 했던 기억이 난다.

  그런 그가 돌아왔다는 소식이 전해지고, 몇몇 사람들과 함께 그 친구를 다시 볼 수 있게 되었다. 마침 부인도 함께 나와서 화기애애한 분위기였는데, 저녁식사를 마쳐갈 무렵 누군가가 넌지시 남극에서「몸에 좋은 것」많이 먹지 않았느냐고 물었다.

  흔히 알고 있는 해구신을 의미함은 동석했던 모두 눈치챌 수 있었다. 그는 직접적인 대답은 피했지만 나를 포함한 다른 몇 사람은 그가 엄청나게 먹었으리라 짐작할 수 있었다. 왜냐하면 그 질문이 나오자 그의 부인 쪽이 얼굴을 붉히며 쑥스러워하면서도 내심 기대를 걸고 있는 표정이 얼핏 보이는 것을 볼 수 있었기 때문이다.

  며칠이 지난 뒤 그에게 안부전화를 하다가 호기심이 발동해서「효과 좀 봤나?」하고 물어보았다. 그런데 대답은 있다 없다가 아니었다.「남극에 머물면서 면역력이 약해져서인지 고국에 돌아와서 지금까지 보름간 내리 설사 중」이라는 대답이었다. 도저히 웃음을 참고 있을 수가 없어 빨리 낫기를 바란다는 식으로 얼버무리듯이 전화를 끊었지만, 수화기를 내려놓음과 동시에 얼마나 웃었는지.

  많은 남성들이 화려한 테크닉과 발군의 정력을 보여주려고 온갖 방법을 다 동원한다. 어떤 이는 변강쇠처럼 강한 발기력을 얻기 위하여 몸에 좋다는 것은 별별 황당한 것까지 가리지 않고 탐식한다. 다른 사람들은 보다 화끈한 섹스 도구를 만들기 위해 갖가지 보강공사도 한다. 실리콘 링 삽입 등등, 소위「남성 인테리어」라는 것

말이다.

그러나 그러한 방법들로 강한 남성이 되기를 바라는 열화 같은 욕구를 채울 수 있었다는 사람은 보지 못했다. 오히려 삽입되거나 주입된 이물질에 의한 부작용으로 고민하거나, 국내는 물론 해외까지 원정 여행을 나가 희귀한 동식물들을 훼손하여 사회적 물의를 일으키고서도 기생충 감염 따위나 걸리는 경우가 오히려 흔하다.

사실 제대로 기능할 수 없을 정도로 작거나 힘없는 음경을 갖고 있는 사람은 그리 많지 않다. 하지만 섹스란 몸보다 마음으로 하는 부분이 분명 크다. 그러므로 신체적으로는 별 이상이 없다고 하더라도 스스로가 콤플렉스를 가지고 있다면 정상적인 성생활에 지장을 초래할 수도 있다. 그리고 그것은 실제 성기능 장애로까지 발전하기도 한다. 이렇게 된다면 그저 정신적인 문제라고 치부해 버릴 것만도 아니다. 수술을 통한 해결이라는 적극적인 방법까지 고려되어야 하는 것이다. 수술 또한 간단한 편이어서, 국소마취로 입원 없이 한 시간 반 여 만에 콤플렉스를 날려 버릴 수 있다.

현대 남성 의학의 발전은 강한 남성이 되고픈 오래된 꿈을 현실로 연결시켜 주고 있다. 「죽여주는 물건」이 그저 꿈이 아니라 선택 옵션이 된 것이다.

# 4

천재는 99%의 몸과
1%의 영감으로 이루어진다

## 내 건 작아 보이는데

　목욕탕을 가면 아무래도 남의 것에 시선이 가게 됩니다. 목욕탕이니 만큼 평상 시의 모습밖에는 볼 수가 없어서 「실제 사용 시의 크기」는 알 도리가 없지만, 아무래도 남들이 좀 큰 것 같습니다. 도대체 한국 남성의 표준 사이즈는 얼마인가요?

## 남의 떡이 커 보인다는 말이 있지 않습니까?

　여자들은 이해하지 못할 일이지만, 남자들은 꽤 나이를 먹은 다음에도 자신의 물건 크기에 묘한 경쟁심을 가지고 있는 경우가 있습니다. 그래서 목욕탕이나 화장실에서 남의 것을 훔쳐보면서 순간적으로 자기 것과 비교해 보기도 합니다. 유치하지만 여자와는 달리 겉으로 보이도록 만들어졌으니, 어쩔 도리가 없는 일인지도 모르겠습니다. 내면에는 혹시 내가 남들보다 작은 것이 아닐까 하는 불안감이 숨어 있는 것 같기도 합니다. 그러한 불안감 해소 차원에서 우리나라의 표준을 말하자면, 보통 상태의 평균 길이는 약 7.4cm이며, 지름은 약 2.6cm입니다. 그리고 발기 시의 평균 길이는 약 11.2cm이며, 지름은 약 4.1cm로 조사된 바 있습니다.

　그러나 서양 쪽으로 가면 이야기가 좀 달라집니다. 평균 길이가 평상 시에는 10cm, 발기 시에는 15.6cm 정도. 또 얼마나 정확한 데이터인지는 알 수 없지만 세네갈의 흑인들은 발기를 하면 25cm라는 자료도 있으며, 비공식 세계 기록은 길이 35.5cm. 지름 7.5cm이라고 하니, 「큰 것」을 바라는 사람에게는 입이 딱 벌어질 이야기입니다.

여기서 거듭 이야기할 수밖에 없는 것이 있습니다. 남성의 성기 크기 자체는 여자의 오르가슴을 일으키는 능력과는 그리 큰 관계가 없다는 사실입니다. 다행스럽게도(?) 클리토리스를 비롯하여 대음순 소음순 등 여성의 성적 흥분을 일으키는 기관들은 깊숙한 곳이 아니라 얼마든지 다다를 수 있는 바깥쪽에 자리잡고 있기 때문에 사춘기가 지난 남자의 성기라면 충분한 것입니다.

그렇지만 아무리 이렇게 이야기해도 남보다 자기 것이 작아 보여서 불안하다는 남성들이 있습니다. 이것은 보다 「큰 물건」을 가지고 싶다는 남성들의 대물 콤플렉스에도 원인이 있지만, 시각의 위치 때문에 자신의 것이 남의 것보다 작아 보인다는 착시 현상에 기인하는 바도 있습니다.

보통 자신의 성기는 위에서 아래로 내려다보게 되지만 남의 것은 옆이나 비스듬하게 내려다보게 됩니다. 그러나 이렇게 되면 같은 크기라도 자신의 것이 작아 보이기 마련입니다. 때문에 거울에 비춰 보거나, 아니면 직접 자로 재어서 한국 남성의 표준 크기와 비교해 보면 생각보다 작지 않음을 깨달을 수 있을 것입니다.

여기서 명심할 것! 다 사용하고 난 자는 깨끗하게 닦아 놓으세요.

남성의 성기는 과연 어떻게 잴까? 물론 가장 보편적으로 쓰이고, 가장 간단한 방법은 자를 이용하여 재는 방법이다. 하지만 PPG(Penile Plethysmo Graph)라고 하는 기계를 이용하기도 한다.

페니스의 둘레 길이의 변화를 과학적으로 측정하는 기계로, 측정 대상의 페니스에 딱 맞게 늘어날 수 있도록 수은이 들어간 밴드 등이 장치되어 있다. 또 이 밴드에는 비디오 및 기록장치가 연결되어 있어서 발기 시의 크기는 물론, 발기 중의 변화까지 측정 가능하다.

포르노 영상 혹은 성적인 소리를 들려주면 그 사람이 미쳐 느끼지 못하는 페니스의 크기 변화까지 컴퓨터가 각 자극에 얼마나 흥분했는가를 그래프로 그려주는 것이다.

이 기계는 체코슬로바키아에서 게이라고 주장하면서 군 입대를 피하려는 사람들을 막기 위해서 개발되었지만, 그 후 미국의 약 40개의 주에서는 성범죄자를 가려내고 치료하는 데 활용되고 있다.

# 유두를 보면 임신한 적이 있는지 알 수 있나요?

젖꼭지가 검은 모양을 보면 임신한 적이 있는지 아닌지 알 수 있다는 말을 들었습니다. 그게 정말인가요? 만일 그게 정말이라면 임신만 해도 그런 변화가 있는 건가요? 아니면 애를 낳고 모유를 먹여야만 그렇게 되는 건가요?

# 확실한 증거가 됩니다

갓 태어난 아기는 시력이 아주 약하기 때문에 젖을 잘 찾을 수가 없다. 그래서 엄마의 젖꼭지 색이 짙어지는 것이다, 라는 말이 있지만 그것은 농담 차원의 이야기일 뿐입니다. 사실 갓 태어난 아이는 거의 눈이 보이지 않으므로 냄새로 엄마의 젖을 찾기 때문이지요.

하지만 임신을 하면 젖꼭지의 색이 짙어진다는 것만은 사실입니다. 임신을 하면 뇌하수체에서 멜라닌 세포 자극 호르몬이 많이 분비되는데, 그로 인해 피부에 색소가 쌓여서 피부색이 진해지거나 유두가 암갈색으로 바뀌거는 것입니다.

이러한 변화는 사람마다 조금씩 다르지만 임신 4, 5개월경부터 시작되는 것이 일반적입니다. 이 때부터 핑크색이던 유두가 점차 진한 색을 띠기 시작하는 것입니다. 임신 중반부터 색깔이 진해지는 것이므로 아이를 낳고 안 낳고와는 무관합니다. 오히려 출산을 하면 그 직후부터 유두의 색깔이 다시 옅어집니다. 그러나 원래의 색깔대로 완전히 돌아오는 법은 없으므로 유두의 색깔이 검다면 아이를 낳은 경험이 있거나 최소한 임신 4개월 이상을 경험했다고 보아도 큰 잘못이 없을 것입니다.

　애무를 많이 받거나 하면 유두의 색깔이 검어진다는 속설도 있지만, 이것은 전혀 근거 없는 이야기입니다. 유두의 색깔 변화는 임신에 의해서만 일어나기 때문입니다.

　처녀적 몸매를 그리워하는 것처럼, 핑크빛의 유두를 그리워하는 여성들이 있어서 그런 사람들을 대상으로 한 미용 상품도 있는 모양이

지만, 그 효과는 확실하지 않은 것 같습니다. 다만, 60~70세쯤 되면 전반적인 체력이 떨어지면서 멜라닌 색소가 생기기 어렵게 됩니다. 머리가 하얗게 되는 것도 그 때문인데, 머리카락뿐만이 아니라 유두의 색깔 등도 다시 옅어집니다. 환갑이 넘어서 유두가 핑크빛으로 돌아간들 무슨 소용이 있겠습니까만은….

# 연속 3회, 가능한가요?

친구 중 하나가 굉장한 여자를 만나서 「빼지 않고」 연속해서 3회를 사정했다고 합니다. 이것이 정말로 가능할까요?

# 꿈을 꾼 게 아닐까요?

사람의 몸이란 것에는 참으로 다양하고도 무한한 능력이 숨어 있습니다. 더구나 남성의 정력에 대해서는 특히 놀랍고도 다양한 소문이 돕니다.

「아라비안 나이트」에는 하룻밤에 40번이나 성교를 한 정력가가 나오기도 하고, 사디즘이라는 단어의 어원이 된 사드 후작은 소설 「줄리엣」을 통해 인육을 먹고 흥분한 나머지 하룻밤에 10번이나 사정을 하고서야 겨우 만족했다는 남자 이야기를 합니다. 이러한 이야기는 꾸며낸 것이라고 할 수 있지만, 프랑스의 문호 모파상은 한 시간에 6번이나 성교를 했다는 얘기가 있고, 일본만 해도 너무나도 정력이 넘쳤던 덴구(天公)라는 의사가 신혼 첫날 밤부터 다음 날 밤에 걸쳐 무려 18번이나 섹스를 한 뒤에도 신부의 몸을 계속 탐했다는 기록이 있습니다. 더욱 놀라운 사실은 그의 나이가 92세였다는 것!

이러한 기록이 너무 오래된 것이라서 믿을 수 없다면 희극의 왕 채플린의 기록도 있습니다. 밤마다 너무나 시달려 이혼을 한 그의 둘째 아내는 회고록 「채플린과 나의 생활」이라는 책을 통해 「채플린은 섹스광이다. 30대 중반인데도 하룻밤에 12회의 섹스를 거의 매일 요구했다」고 밝힌 바 있습니다.

남자의 정력에 대한 이야기야 그 외에도 무궁무진하다고 할 수 있지만 이러한 것들은 제 3자가 확인한 바도 아니고, 사실이라고 해도 사정이라는 행위가 있었는지 없었는지도 확인되지 않은 기록들이라서 과학적인 데이터라고 할 수는 없겠습니다.

그렇다면 과연 「빼지 않고」 3회가 가능할까요? 건강한 남성, 특히 20대의 혈기 왕성할 때에는 사정 후에도 페니스가 힘을 잃지 않고 있는 것도 그리 드물지 않습니다. 그래서 연이은 섹스가 가능할 수도 있습니다. 하지만 그런 것과 사정은 별개입니다. 발기 상태가 어느 정도 유지되더라도 사람의 신체 구조상 다시 정액이 고일 수 있는 휴식 시간이 마련되지 않으면 다시 사정할 수 없는 것입니다. 그러므로 사정 후에 「빼지 않고」 섹스를 계속할 수는 있겠지만, 「빼지 않고」 3회 사정은 현실적으로 있을 수 없는 일이라고 하겠습니다.

물론 약간의 휴식 시간을 두고서라면 세 번 정도야 드문 일도 아니겠지요. 참고로 이 방면의 공인된 기록은 14번입니다. 그런데 이것은 여자 파트너를 매번 바꾸면서 세운 기록이라고 합니다. 14번도 그렇지만 대기하고 있는 14명의 미녀라니, 일반인으로서는 여러모로 꿈의 기록이지요?

　하루에 14회의 섹스를 기록한 사람은 이탈리아 포르노 스타 로코 시 프레디. 기네스북에서 인증서를 받은 것은 아니지만, 포르노 스타였던 만큼 개인적인 섹스가 아니라 영화를 제작하는 다른 사람들이 참여한 가운데 기록한 것이므로 그 기록은 사실이라고 믿어진다.

　1964년생인 그는 신장이 190㎝이며, 체중 85㎏인 근육질 금발 남성으로 은퇴한 지금도 그를 추억하는 팬 페이지가 미국과 유럽에 수없이 많을 정도이다. 현재는 정상적인 가정의 아버지로서 포르노 영화 제작자 일을 하고 있다고 한다.

 ## 왜 각각 서지요?

그녀의 가슴을 애무하다가 보면 애무하는 쪽의 유두만 반응을 보이고 다른 한 쪽은 아무렇지도 않더군요. 흥분의 정도가 낮아서 그런 것인가요? 아니며 구조적으로 그런 것인가요?

 ## 여자에게는 공평한 것이 중요합니다

남자들이라면 누구나 겪어 보았을 테지만, 시각적인 자극에 특히 민감한 남자들은 멀쩡하게 길을 가다가도 섹시한 여성을 보면 그냥 발기가 되고 맙니다. 이것이 여름처럼 가볍게 입고 다니는 때이면 상당히 두드러져 보이기 때문에 꽤 곤란하지요.

남성들은 이런 경우를 자신들만 당한다고 생각하겠지만, 사실은 여성들도 이와 비슷한 곤란을 겪을 때가 있습니다. 바로 유두가 서는 것입니다. 남성의 페니스와 마찬가지로 유두도 발기를 하는데, 가슴의 위치가 남성의 하반신 보다는 눈에 잘 뜨이는 곳이기 때문에 여성들도 상당한 곤란을 느끼는 것입니다.

유두의 발기는 개인차가 있어 평상 시에 비해 눈에 띄게 커지는 사람이 있는가 하면 그다지 눈에 두드러지지 않는 경우도 있습니다. 어느 쪽이든 평상 시에는 부드럽고 둥그스름했던 유두의 끝이 딱딱해지고 거의 완전한 원통형으로 변합니다.

이렇게 남성의 페니스처럼 눈에 보이는 반응이 있기 때문에 유두의 발기를 여성의 성적 흥분 정도의 기준이라고 생각하는 남자도 있지만, 반드시 그런 것은 아닙니다. 남자처럼 야한 상상을 하는 것만으로 발기가 되는 일은 없지만 생리 전후에는 유두 감각이 민감해져서 옷과의 가벼운 마찰만으로도 발기가 될 수 있는 것입니다. 또 추위를 느끼고 발기하는 경우도 있습니다. 말하자면 유두의 발기는 성적인 변화 이전에 일상적인 생리 현상이라는 측면이 강한 것입니다.

　물론 성적인 접촉 시에도 유두의 발기가 따릅니다. 그러나 그 때도 유두가 서는 메커니즘은 페니스와는 전혀 다릅니다. 유방 그 자체는 지방 덩어리지만, 유두와 그 주위의 유륜에는 촉각을 느끼는 신경종말이 많이 모여 있어서 자극에 민감한 반응을 보입니다. 또한 유두의 뿌리 부근에는 유관 불수의근이라는 근육이 자리잡고 있습니다. 그러므로 손가락이나 혀로 유두에 적당히 자극을 가하면 그 자극이 뇌로 전달되고, 뇌에서는 그 부분의 불수의근을 수축시키라고 명령을 내림으로써 유두가 발기 하는 것입니다. 또한 유두에서 전달되는 성적 정보에 따라 섹스 준비 단계로서 질을 분비액으로 적시라는 지령도 뇌에서 나오게 됩니다.

이처럼 유두는 자극에 직접 반응하여 발기하므로 한 쪽이 민감해져서 발기를 하더라도 다른 한 쪽은 평상 시와 같은 모습을 보일 수 있습니다. 즉, 좌우를 공평하게 자극해 주지 않으면 양쪽이 모두 서지 않는 것이지요.

이러한 성질 때문에 유방은 어느 한 쪽만 애무하면 결국 좌우 균형이 무너질 수도 있습니다. 잘 쓰는 팔로 만지기 쉬운 쪽의 유방만 자꾸 자극하면 성감도 그 쪽만 발달되고, 심하면 모양도 차이가 날 수 있는 것입니다.

그러므로 유방을 애무할 때는 반드시 양쪽을 공평하게 해야 한다는 것을 잊으면 안 됩니다. 결혼한 남자라면 한 쪽은 본가, 다른 한 쪽은 처가라고 생각하고 공평하게 신경을 쓰면 딱 좋을 것 같군요.

 알아서 남 주나

# 거니기도 삐나요?

페니스에는 뼈가 없는 것으로 압니다. 그러니까 진짜 삘 일은 없는 것으로 알고 있습니다. 그런데 꼭 뼈 부러지는 소리가 나면서 꺾이는 통에 엄청난 고생을 했다는 사람이 있더군요. 그런 거짓말을 할 것 같지는 않고, 정말 그런 일이 있을 수 있나요?

# 뼈가 없어도 할 건 다 합니다

동물 중에는 페니스에 뼈가 있는 종류도 있습니다. 아니, 사실은 뼈가 있는 동물 쪽이 더 많다고 할 수 있습니다. 그러나 잘 알다시피 사람의 페니스에는 뼈가 없습니다. 그렇기 때문에 삐거나 부러질 일이 없다고 생각하는 것이 당연하겠지만, 실은 그렇지만도 않습니다.

페니스의 발기는 해면체에 혈액이 충만해짐으로써 이루어지는데, 그 스폰지와 같은 해면체는 백막(白膜)이라고 하는 튼튼한 막의 보호를 받고 있습니다. 그리고 그 백막 덕분에 팽팽하고 단단한 모습을 유지할 수 있는 것입니다.

그런데 이 백막이 외부의 강한 자극을 받아 찢어지는 경우가 있습니다. 실제적인 지식이 부족한 채로 서커스에 가까운 포르노 영상만 보아 온 청소년이나, 한참 부부 생활의 즐거움에 눈을 뜬 젊은 부부에게 간혹 생기는 일입니다. 자위 행위나 신혼기 성생활에 빠져 보다 강한 자극을 얻기 위해 페니스가 한껏 부풀어 있는 상태에서 기구를 사

용한다든지 갑자기 체위를 바꾸거나 변태에 가까운 행위를 하다보면
뜻하지 않은 불상사가 발생하는 것입니다. 이를 쉽게 말하여 페니스
골절이라고 하는데, 이 경우 빨리 치료하지 않으면 영영 발기 불능 상
태에 빠질 수도 있는 심각한 사고입니다.

　이러한 페니스 골절은 높은 압력으로 해면체 안에 들어 있던 혈액
이 백막의 파열된 틈을 통해 흘러나옴으로써 점점 음경의 피부 밑에
고이는 현상으로 시작됩니다. 그 때문에 페니스의 색은 까맣게 변색
되고, 심하면 맥주병 정도의 크기로 부어 오르기도 합니다. 더구나 그
통증은 도저히 참을 수 없을 정도입니다. 실제로 페니스에는 뼈가 없
으므로 의학적으로 뼈가 부러지는 「골절」과는 분명 다르지만 사고 시

툭하는 소리가 날 뿐 아니라 서둘러 치료를 해야 하는 응급 사태이므로 흔히 골절이라고 부르는 것입니다.

　아무리 써도 닳지 않는다고 함부로 다루면 큰 코 다칠 수도 있으니, 물건의 주인이나 그 물건을 다루는 사람이나 너무 막 다루지 말라고 충고하고 싶군요.

 ## 정말 몸부림을 치나요?

성인용 비디오를 보니, 여자가 절정에 달하면 소리도 지르지만 온몸을 비틀면서 몸부림도 치더군요. 과장이라고 생각되기는 하지만, 모든 비디오들이 그러니까, 혹시 내가 진짜 오르가슴을 모르는 게 아닌가 하는 의심이 듭니다. 정말 절정에 달하면 몸부림을 치게 되나요?

 ## 고개도 도리도리 흔들지 않던가요?

포르노 영화나 성인 비디오를 보면 황홀 상태에 이른 여성이 큰 비명을 지르고 격렬하게 몸부림치는 장면이 흔히 나옵니다. 하지만 남성이나 여성이나 실제 성 경험이 많은 사람이라면 그것이 어디까지나 연기일 따름이라는 사실을 잘 알 것입니다.

여성의 오르가슴을 말로 표현하기는 어렵지만, 과학적인 조사로는 명확하게 가려낼 수 있습니다. 바로 뇌파 검사를 통한 방법인데, 여성이 황홀 상태에 이르면 뇌의 시상하부에서 세타파가 나오는 것입니다. 이 세타파는 보통 잠을 잘 때 나오는 뇌파로서, 이 뇌파가 나온다는 것은 잠이 든 것처럼 뇌의 기능이 일시적으로 정지했음을 의미하기도 합니다. 그러나 이것은 어디까지나 정밀한 기계로 측정할 때의 일이고, 침대 위에서라면 뇌파가 어찌 되고 있는지는 알 도리가 없겠지요?

그러므로 실제로는 겉으로 보이는 모습이 판단 기준이 될 것입니다. 그래서 성인 영화들에서는 오르가슴을 표현하느라 출연 여배우들이 몸을 비틀고 심지어 경련까지 일으키지만, 사실은 그와 정 반대입니다. 여성이 오르가슴을 느낄 때 잠이 들었을 때 나오는 뇌파인 세타파가 나온다는 것을 상기하면 쉽게 이해할 수 있을 것입니다. 정말 오르가슴에 다다르면 잠시나마 호흡도 멈춰지고, 얼굴 근육의 긴장이 풀어져서 비교적 온화한 표정을 보이는 것입니다.

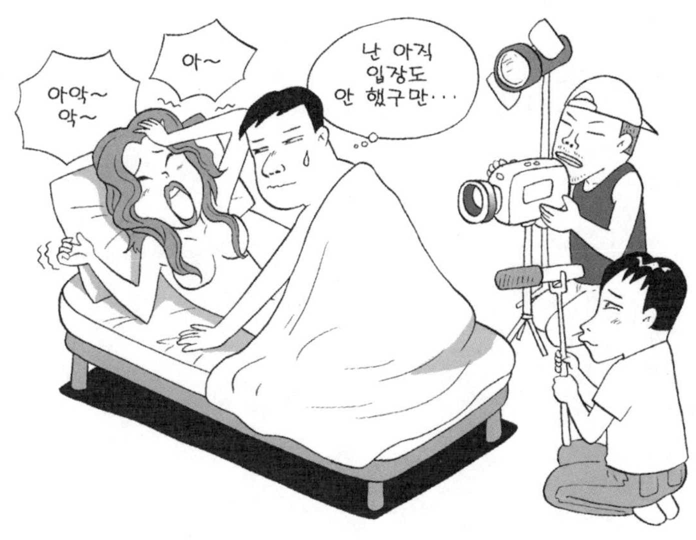


그리고 또 하나 중요한 징조가 있습니다. 오르가슴에 이르면 성 중추가 흥분하면서 땀을 내게 하는 신경을 자극하기 때문에 덥지도 않

은데 온몸에 땀을 흘리는 것입니다. 그러니까 섹스를 할 때 여성이 땀을 흘릴만한 실온도 아닌데 온몸에 땀을 흘리고 있으면 틀림없이 오르가슴에 이르렀다고 봐도 무방할 것입니다.

그렇다고 성인영화 배우들이 모두 거짓말을 하고 있다고 할 수는 없을 것 같습니다. 성인 영화를 잘 보면, 여자 배우들이 고개를 도리도리 흔들고 있지 않습니까? 모 전문가의 말에 의하면 그것이 「이거 오르가슴 아냐」라는 진실한 고백을 의미한다고 하더군요.

 알아서 남 주나

# 꼭 「고래」를 잡아야 하나요?

일상 생활에 별 불편함도 없고 해서 저는 포경 수술을 받지 않았습니다. 그런데 요즘은 여자 친구가 이상하다고 자꾸 하라고 권합니다. 그거 꼭 해야만 하나요?

# 번데기보다는 딸기가…

우리나라의 포경 수술율은 다른 나라에 비해 상당히 높습니다. 그래서 일부에서는 과잉 진료라고 말하기도 합니다. 사실, 완전히 발기했을 때 귀두를 노출시킬 수 있을 정도라면 일상 생활은 물론이고 섹스에도 아무 불편이 없는 것이 사실입니다.

하지만 분명한 것은 포경 수술을 받기 전의 상태라면 개인 위생에 더욱 신경을 써야 한다는 점입니다. 한창 젊었을 때에는 페니스에 다소의 염증이 생기더라도 피부가 건강하기 때문에 자연히 치료되는 경우가 많습니다.

그러나 나이를 먹어 40대, 50대가 되면 얘기가 좀 달라집니다. 나이로 인해 심신이 쇠약해지면 그에 따라 페니스의 피부도 약해집니다. 더구나 그 나이라면 상대 여성도 나이를 먹었을 텐데, 역시 나이 탓에 질내의 잡균도 늘어난다고 보아야 할 것입니다.

그런데 섹스라는 것은 결국 서로의 성기의 피부를 마주 비비는 행위이므로 각자의 성기 피부에 아주 미세한 상처를 입히게 됩니다. 그런데 아주 작은 상처에 잡균이 들어가고, 그 위로 페니스의 포피가 덮인다면, 사실상 잡균을 키우는 비닐하우스가 되는 셈입니다. 다시 말해 쉽게 염증이 생길 수 있다는 것입니다.

그리 큰 병은 아니라고 하지만 섹스를 하고 난 뒤에 빨갛게 짓무른다면 어떨까요? 혈기 왕성한 20대에는 그런 것 신경쓰지 않고 언제라도 섹스에 달려들겠지만 나이를 먹으면 염증이 쉽게 가라앉지도 않을 뿐더러, 염증이 생기는 빈도도 잦아질 수 있습니다. 그렇게 되면 「또냐?」하며 섹스 자체를 귀찮게 여길 수도 있습니다. 그렇게 된다면 부부 간의 대화에도 활력이 빠질 수밖에 없겠지요.

이런 이유로 40대를 넘은 남자들이 뒤늦게 포경 수술을 하러 오는 것도 드물지만은 않습니다. 꼭 해야 되는 것도 아니고, 또 수술을 받고 나서의 불편과 쑥스러움 때문에 뒤로 미루다가 오는 경우라고 볼 수 있습니다.

멋도 모르고 아빠의 손에 이끌려 오든, 50대에 오든, 그것은 어디까지나 개인이 선택할 바입니다. 그러나 이왕이면 최소한 결혼 전에 하는 것이 여성에게나 자신에게나 바람직하다고 여겨집니다.

또 여자 입장에서도, 아무래도 번데기보다는 딸기 쪽이 보기도 좋고 먹기(?)도 좋지 않겠습니까?

 알아서 남 주나

# 코가 크면 그것도 크다면서요?

꼭 큰 사람이 좋은 것은 아니지만, 그래도 코가 유난히 큰 사람을 보면 「코가 크면 물건도 크다」라는 속설을 떠올리게 됩니다. 그런데, 그 말이 정말 맞는 말이기는 한가요?

## 코만 보고 알 수 있다면 얼마나 좋겠습니까

「심청전」을 보면 뺑덕 어멈이 코가 큰 총각만을 골라 떡과 술을 주었다는 대목이 있습니다. 아주 옛날부터 「코가 크면 페니스가 크다」는 속설이 있었다는 증거인데, 사실 우리나라에만 그런 말이 있는 것은 아닙니다. 동양을 비롯하여 서양에도 그러한 속설을 믿는 사람이 상당히 있습니다. 누가 봐도 코의 모습이 남성의 성기와 흡사하기 때문에 그런 말이 나온 듯합니다.

코는 인종에 따라 저마다의 특색을 가지고 있어서 동양인과 서양인의 경우에는 코만 보아도 두 인종을 가려낼 수 있을 정도입니다. 그 중 크기를 보자면 동양인 보다는 서양인의 코가 명백하게 크고 높습니다. 그런데 공교롭게도 페니스 또한 동양인보다 서양인이 큽니다. 이렇게 생각하면 코의 크기와 남성 성기의 크기가 비례하는 것 같지만 실은 그렇지도 않습니다. 예를 들어 동양인보다 더 낮은 코를 지닌 흑인이 평균적으로 동양인보다 큰 성기를 지니고 있는 것입니다. 또 같은 인종 속에서 비교해 보더라도 코는 작지만 페니스는 남들보다 조금 큰 경우가 있는가 하면 그 반대의 경우도 쉽게 찾아 볼 수 있습니다. 결론적으로 코가 크면 페니스도 크다는 말은 그저 속설에 불과할 뿐, 실제로는 아무 의미가 없다고 할 수 있습니다.

키가 크면 페니스 역시 크지 않을까 하는 막연한 생각도 흔하지만 이 역시 아무 관련이 없다고 밝혀진 바 있습니다. 한 때는 인중의 길이와 다소 관계가 있는 듯 하다는 연구가 있기도 하여 관심을 모았는데, 이 또한 1998년 우리나라 학자들의 연구를 통해 부정되고 말았습니다.

결국 직접 보지 않고서도 알 수 있는 방법은 아직 공인된 것이 없는 셈인데, 행여 그런 방법이 있다고 한들 과연 쓸모가 있을까요? 어떤 부분만 척 보고 알아낼 수 있다면 모두들 그곳을 성형 수술하거나, 어쩌면 그 부분을 가리기 위한 옷이 만들어질지도 모르지요.

알아서 남 주나

# 가슴이 크면 둔한가요?

가슴이 크면 보기에는 좋지만 신경이 넓게 퍼지게 되므로 성적인 감도도 떨어져 잘 느끼지 못한다고 들었습니다. 사실인가요?

# 크면 큰대로, 작으면 작은대로

잘 알다시피 가슴, 그중에서도 유두나 그 주변을 둘러싼 젖꽃판(乳輪)은 대표적인 성감대입니다. 이곳에 파치니 소체라고 하는 감각 수용기가 분포되어서 감각을 민감하게 받아들이기 때문입니다. 특히 유두는 상당한 민감성을 가지고 있어서, 클리토리스를 100으로 했을 때, 80에서 85정도에 이를 감도를 보입니다.

여성이 실제로 성적인 자극을 느끼는 곳이기도 하지만 시각적인 자극에 예민한 남성에게도 그 풍만하면서도 미묘한 곡선이 주는 성적인 자극은 매우 큽니다. 그래서 여성의 가슴은 섹스어필의 첫 번째 조건으로 이야기되기도 합니다.

이렇게 성적인 대상으로서의 역할이 중요한데다가 눈에 쉽게 띄는 위치인 탓에 유방에 대한 속설도 아주 많습니다. 특히 서양에서는 가슴이 큰 금발은 머리가 나쁘다는 근거 없는 속설이 지금도 뿌리 깊게 자리 잡고 있을 정도입니다.

한편, 동양에서는 가슴이 너무 크면 성적인 감도가 떨어진다는 속설이 있습니다. 여기에는 성적인 자극을 느낄 수 있는 신경의 숫자는 정해져 있는데, 유방이 크면 면적이 넓어지므로 신경도 촘촘하지 못하다. 더구나 유방의 피하 지방이 두터우면 자극에 둔감하다. 그러므로 성 감도도 떨어진다는, 제법 과학적인 설명까지 붙기도 합니다.

그러나 그럴듯한 설명에도 불구하고, 과학적인 결론을 말하자면 여자의 가슴 크기와 성 감도는 무관합니다. 남성의 성기 크기와 감도가 무관한 것과 마찬가지라고 할 수 있습니다.

도대체 이러한 속설들이 어디서 만들어졌을까 궁금하기도 한데, 혹시 풍만한 가슴에 대해 콤플렉스를 가진 사람이 만들어 퍼뜨린 얘기는 아닐까요?

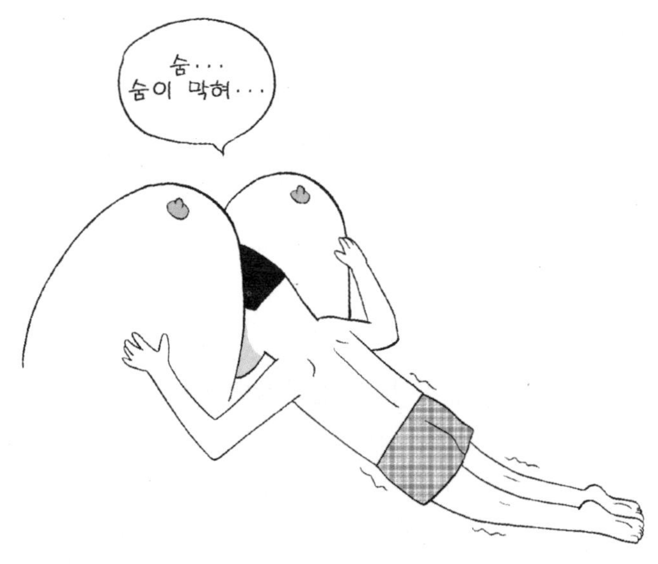



알아서 남 주나

# 임신하기 쉬운 자세도 있나요?

사랑을 나누는데, 여러 가지 체위들이 있잖아요? 그런 자세에 따라 분명히 임신 확률도 다를 거라고 생각되는데요. 특별히 임신하기 쉬운 자세나 임신하기 어려운 자세가 있지 않을까요?

# 확실하게 임신이 안 되는 자세는 있지요

섹스는 사람만 하는 것이 아닙니다. 암수로 나누어져 있는 동물들이라면 종족의 번식을 위해 모두가 하고 있는 것이지요. 하지만 사람처럼 다양한 체위와 방법을 동원하여 섹스를 스포츠화시킨 존재는 없습니다. 프리 섹스가 당연하다고 여겨지는 현대에서는 섹스와 종족번식을 연결시키는 것이 오히려 우스울 정도입니다.

하지만 분명 섹스에서 체위는 즐기기 위한 것뿐만 아니라 임신에도 중요한 영향을 미칩니다. 앞이든 뒤든, 위든 아래든, 혹은 옆이든 간에 개인마다 취향이 다르겠지만 그 선택된 체위에 따라 임신 가능 확률이 조금은 달라지는 것입니다.

이론적으로 말하자면 남성의 몸 밖으로 사정된 정자가 자궁경부까지 도달하면 임신이 가능하기 때문에 어떤 체위든 임신 자체에는 상관이 없습니다. 그러나 확률적으로 남성의 정액이 더 많이 여성의 몸에 남을 때 임신의 가능성이 높아질 것이므로, 정액이 흘러나가기 어려운 체위는 임신 가능성이 높다는 결론을 낼 수 있습니다.

　이렇게 따진다면 가장 표준적인 체위 - 여자가 눕고 남자가 위로 되는 정상위는 결합이 그다지 깊지 않고 정액이 여성 몸 밖으로 나가버리기 쉬우므로 임신의 확률이 다소 떨어집니다. 반대로 후배위라고 하여 남성이 여성의 뒤로 접근하는 체위는 임신의 확률이 좀 높습니다. 특히 여성이 하체를 올리고 상체는 내리는 자세를 취하는 경우에는 결합도 깊고 정액이 자궁경부에 모이기 쉬우므로 임신 성공률도 다른 체위보다는 높습니다.

　하지만 날로 떨어지기만 하는 출산율로 비추어 볼 때, 많은 사람들의 관심은 임신이 쉽게 되는 체위보다는 임신이 어려운 체위가 무엇이냐에 더 많이 쏠려 있을 것 같습니다.

　여기에 대해서는 명백하게 임신이 되지 않는 체위가 밝혀져 있습니다. 미국의 전임 대통령인 클린턴이 증명한 바 있는 자세로, 소위 구강 성교(오랄 섹스)라는 것입니다. 그 대통령 자신은 법정 증언을 통해 「그것은 섹스가 아니다」 라고 말했으니, 체위가 아니라고 말할 수도 있겠군요.

# 정말로 조이나요?

남들은 조인다 어쩐다 하는데, 사실 저는 그리 다른 느낌을 받은 적이 없습니다. 정말로 여성의 신체가 힘이 들어가 조일 수 있는 건가요? 그저 남자들의 착각이 아닐까요?

# 느끼지 못한다면 그것이야말로 문제

남성들만큼 크기에 집착하지는 않지만, 여성들도 작기를 바라는 마음이 있습니다. 만일 남자에게 여자가 「너무 작다」는 말이 충격적일 것이듯, 여자에게 남자가 「헐렁하다」라고 말하면 그보다 큰 쇼크가 없을 것입니다.

하지만 분명히 여자들은 남자만큼 신경을 많이 쓰지 않습니다. 그것은 남성과는 달리 눈에 보이지 않으므로 남과의 비교가 쉽지 않다는 까닭도 있지만, 본래 여성의 성기는 아주 신축성이 풍부하기 때문에 어떤 사이즈나 형태의 페니스도 바로 순응하고 맞출 수가 있기 때문입니다.

다시 말해 늘어나기도 하고 줄어들기도 한다는 것인데, 이러한 수축력을 소위 「조인다」라는 말로 표현하고 있는 것입니다. 이러한 조인다는 느낌은 사람마다 주관적이지만 분명 여성의 신체가 일으키는 변화임에는 틀림이 없습니다. 일례로, 여성은 흥분이 고조되면 질 입구에서 3분의 1정도까지의 질벽이 두꺼워집니다. 간단히 말하면 흥분하면 질의 「입구는 좁아지고 안은 깊어지는」 상태가 되는 것입니다. 그러므로 상당한 크기의 페니스라도 받아들일 수 있으면서 남성에게는 조인다는 느낌을 줄 수 있는 것입니다.

그 조인다는 것을 더욱 구체적으로는 질내압이라는 수치로 표현하기도 합니다. 질내압은 질의 입구에서 3분의 1까지의 근육이 수축하여 생겨나는 것으로, 20대 여성이라면 평균 25mmhg. 사람에 따라서는 50mmhg를 넘는 경우도 있으며, 스트립 쇼걸로서의 훈련을 쌓은 여성의 경우에는 100mmhg를 넘기도 합니다. 수치만으로는 잘 이해가 되지 않을 것 같아 덧붙이자면 50mmhg 정도의 질내압이라면 바나나를 자르기에는 충분한 압력입니다.

이렇게 여성들이 상당한 능력을 가지고 있는데도, 조인다는 느낌을 받아 본 적이 없다고 불만을 늘어 놓는 남성들이 많은 것은 왜 일까요? 물론 출산과 같은 신체의 변화 때문에 근육이 느슨해져서 그런 경우도 많지만, 일단 남성 자신의 능력도 점검해 보아야 할 것입니다.

왜냐하면 질은 그 자체가 여성에게 있어서는 최대의 성감대로서, 오르가슴에 달하면 여성이 의식하지 않아도 저절로 질이 3분의 1정도까지 수축하기 때문입니다. 이 정도의 수축이라면 어느 남성이라도 강한 느낌을 받기 마련인데, 그런 느낌을 받은 적이 없다는 것은 여성을 만족시키지 못했다는 것이나 같은 의미라고 할 수 있습니다.

요컨대 여자에게서 별 느낌을 못 받는다고 투덜거리는 것은 결국 자기 얼굴에 침 뱉기와도 같다고 할 수 있겠지요.

출산 등으로 질근육이 느슨해지면 남녀 모두 성적인 만족도가 떨어질 뿐 아니라 요실금이 일어날 수도 있다. 그래서 많은 의사들은 케겔 운동이라고 하는 질 근육 단련 운동을 추천한다. 단순한 운동이고, 효과도 확실하여 꾸준히 하기만 하면 아주 좋은 방법이다.

그 외에는 일명 「이쁜이 수술」이라고 하는 질전벽협축술이 있다. 역시 효과적인 치료로 자리를 잡고 있지만, 요실금은 물론 성생활에 대한 만족을 위해서는 질 입구는 물론 내부와 근육까지도 좁혀 줄 수 있도록 비뇨기과 전문의 시술을 받아야 한다.

# 「그런 것」들,
# 몸에 나쁘지는 않나요?

성 보조 기구라고 하나요? 처음 보았을 때에는 징그러운 느낌만 들었는데, 이제는 통신 판매 카탈로그에도 버젓이 자리를 잡고 있을 정도이더군요. 또 자꾸 봐서 그런지 간혹 한 번 써 볼까 하는 생각도 드는데, 몸에 나쁜 영향을 미치지는 않을까요?

# 역시 인간은 도구의 동물!

이왕 하는 섹스, 즐거울수록 좋다는 것이 누구나의 생각일 것입니다. 그래서 도구의 동물인 사람은 섹스에도 도구를 등장시키기 시작했지요. 사실 여성을 대상으로 한 성 보조 기구의 대표적인 상품인 모조 페니스의 경우에는 수 백년 이상의 역사를 가지고 있습니다.

이러한 성 상품들이 프리 섹스와 여권 신장의 영향으로 우리나라에서도 당당하게 판매가 이루어지고 있습니다. 그러나 아직도 그러한 상품들에 대한 두려움이 많은 것이 사실입니다. 그것은 우리나라의 성 기구 산업의 역사가 그리 깊지 않은 탓에 상품들의 품질이 좋지 못하기도 하고 디자인도 조잡해 보이는 등, 메이커에 대한 신뢰를 가질 수 없는 탓이라고 여겨집니다.

하지만 성 보조 기구의 사용 자체는 우리 몸에 그리 나쁘지만도 않습니다. 여성의 경우에는 오히려 불감증 치료에 많은 도움이 될 수도 있습니다. 실제로 외국에서는 남성 성기의 모양을 본떠서 거기에 진동 기능을 덧붙인 여성용 기구(영미권에서는 딜도라고 하고, 일본에서는 바이브레이터라고 부름)가 흔하게 쓰입니다.

그러나 아직 이러한 기구에 대해 아직 생소한 느낌을 가지고 있는 우리나라 사람들은 그 기구를 사용하면 ①너무 강한 자극에 길들여져서 실제 섹스에서는 불감증이 된다 ②자위행위에만 빠진다 ③성기가 짓무른다 등의 염려를 많이 품고 있는 것 같습니다.

사실 이런 걱정이 남성에게는 상당 부분 맞는 말이기도 합니다. 남성들은 여자들보다 성적인 자극에 쉽게 흥분하고 욕구도 여자보다 훨씬 강해서 남성용 자위 기구를 과용하기 쉬운데, 그렇게 되면 성기를 다칠 수도 있을뿐더러, 기구에 의한 일정하고도 강한 자극에 길들여져서 실제 섹스에서는 잘 사정하지 못하는 증상을 보일 수도 있는 것입니다.

그러나 여성의 경우에는 기구를 청결하게 유지하고 적절하게 사용한다면 폐해는 거의 없다고 봐도 좋습니다. 여성의 불감증 치료에 자위 행위를 권장하는 경우도 있을 정도이므로, 그러한 성 보조 기구로 색다른 자극을 느낄 수 있다면 실제 섹스에서도 더욱 깊은 만족을 느낄 수 있을 것입니다.

다만, 먹는 약이나 식품에는 충분한 주의를 기울여야 합니다. 그것이 어떠한 약이든, 본래 약은 의사만이 처방하게 되어 있으므로 시중에서 의사의 처방전 없이는 판매될 수 없습니다. 그러므로 시중에 판매되는 것들은 약이 아니라 「건강 보조 식품」 정도로 분류되는, 일종의 식품입니다. 그리고 성적인 쾌감을 증가시키는 음식이라는 것은, 적어도 여성의 경우 확인된 효과를 가진 것이 하나도 없으므로 기대를 갖지 않는 것이 좋습니다. 오히려 정체 모를 식품이나 약으로 건강을 해칠 수도 있으니 피하는 것이 현명합니다.

또한 분명한 효과를 발휘한다는 것이 있으면 대개 불법적인 것들로, 효과는 있을지 모르지만 몸과 마음에 치명적인 영향을 주는 약물이므로 절대 손대지 않는 것이 바람직합니다. 최고의 인기를 누리다가 「최음제인줄 알고 먹었다」라는 말과 함께 졸지에 몰락한 어느 여자 탤런트를 떠올려 본다면 무슨 말인지 쉽게 이해하실 수 있으리라 생각됩니다.

아무래도 제 것은 남들보다 좀 작은 것 같습니다. 하지만 남들 한 번 움직일 때, 난 두 번 움직이면 된다는 정신으로 임하면 되지 않을까요?

일단은 자신의 물건이 작다거나 짧다는 생각이 문제라는 것을 지적하지 않을 수 없겠군요. 만일 발기했는데도 자기 새끼손가락보다 작다면, 보통 사이즈의 콘돔을 쓰려면 너무나 헐렁거려서 사용할 수 없을 정도가 아니라면 절대로 작은 것이 아닙니다.

그러니 결론부터 말하자면, 심각한 차이가 있지 않는 한 본인이 노력하고 테크닉을 갈고 닦는다는 방법이야말로 정석이며 정공법이라고 할 수 있습니다.

사실 이름난 플레이보이들도 명기의 소유자라기 보다는 어떻게 하면 여성을 기쁘게 해 줄 수 있는지 많은 연구를 거듭한 사람이 대부분입니다. 또 일본에서 유명한 호스트 클럽에서도 최고의 인기를 누리고 있는 남자의 고백을 보면 오히려 「남들만 못한 물건」의 소유자라고 합니다. 무슨 말인가 하면 페니스에 자신이 없기 때문에 다른 방법으로 여성을 만족시킬 수 없을까 하고 필사적으로 노력한 끝에 「큰 것을 지닌 사람보다 훨씬 인기가 있게 되었다」는 말입니다. 실제로 여성들이 반드시 큰 페니스를 원하는 것도 아닙니다. 결국 자신의 페니스 크기가 아니라, 그에 대해 느끼는 열등감과 그 극복 방법에 문제의 핵심이 있다고 할 수 있겠습니다. 실제로 작든 크든 간에 열등감이나 불안감을 가지고 있다면 성 생활도 흔들릴 수 있습니다. 남자든 여자든 섹스란 단순한 육체적 활동이 아니라 감정과 정신에 크게 좌우되는 것이 때문입니다. 그러므로 그러한 열등감을 앞서 말한 최고의 호스트처럼 테크닉이나 다른 노력을 통해 극복해야 할 것입니다. 물론 발달한 비뇨기과 의술의 도움을 받아 페니스에 대한 자신감을 되찾는 방법도 좋은 해결이 될 수도 있습니다.

하면 된다, 안 되면 되게 하라. 이것은 침대 위에서도 영원한 명언인 것입니다.

# 거기까지 닿는 쾌감이라는데, 얼마나 좋은 거죠?

어느 소설에서 「자궁까지 닿는 쾌감」이라는 묘사가 있더군요. 아직 그런 경험을 한 적은 없지만 그 느낌이란 과연 어떤 걸까 하고 상상해 보기도 합니다. 실제로 그 느낌이 그렇게 좋은가요?

# 그야말로 죽이는 느낌이지요

남성이나 여성이나 섹스를 할 때는 보다 깊은 느낌을 원할 때가 많습니다. 사실 「보다 깊다」고 해야 고작 몇 센티미터의 차이에 불과할 테지만, 서로가 느끼는 심리적인 차이는 사뭇 크다고 할 수 있습니다.

그래서 그런지 성인 소설 가운데에는 오르가슴의 순간에 페니스가 자궁까지 깊숙이 들어오는 느낌을 받는다는 식으로 묘사하는 경우를 보기도 합니다. 이러한 묘사는 여성에게는 깊은 일체감을 상상하게 해 주고, 남성에게는 큰 페니스로 여자를 쾌감에 몸부림치게 만들고 싶다는 대물(大物) 심리를 충족시켜 주기도 하므로 말초적인 자극을 목적으로 하는 포르노 소설로서는 상당히 효과적인 표현이라고 할지도 모르겠습니다.

그러나 상상은 가능하겠지만 실제로는 있을 수 없는 이야기입니다. 여성의 신체 구조상 페니스의 길이가 상당히 길다고 해도 자궁에 닿을 수가 없기 때문입니다. 아무리 깊은 곳까지 넣어도 질의 안쪽 벽에 다다를 뿐으로 자궁에 닿는 것은 생각할 수도 없는 것입니다.

　만에 하나 페니스가 자궁에 도달한다고 해도 그렇게 되면 여성은 쾌감은커녕 기절할 정도로 심한 통증을 느낄 뿐입니다. 남자라면 고환을 얻어맞고 아파서 죽는 줄 알았다는 경험이 있다면 그 통증을 이해하기 쉬울 것 같습니다.

　엄청난 느낌일 줄 기대했는데, 불가능한 일이라니까 실망했을지도 모르겠군요. 하지만 아랫배가 너무 나와서 깊게는 고사하고 제대로 「입장」시키지도 못하는 사람이 있다는 사실을 알면 조금 위안이 될까요?

# 그게 크면 감도도 좋다던데…

남자의 것이 크기가 다르듯이 여자의 클리토리스 모양도 각양각색이라고 들었습니다. 그리고 그것이 클수록 민감하게 느낀다는 얘기가 있는데, 사실인가요?

# 왜들 이렇게 큰 것을 좋아하는지

동양권 여성의 클리토리스 평균 크기는 지름 5~7mm입니다. 절반 가까이의 여성이 이 수치 안의 클리토리스를 가지고 있다고 보면 틀림이 없을 것입니다. 그리고 약 30%는 5mm 이하이며, 7mm 이상의 소유자는 전체의 10% 정도라고 여겨지고 있습니다. 그런데 이러한 데이터들은 비뇨기과적인 자료일 뿐, 일상 생활에서는 별 의미가 없습니다. 그 크기가 임신이나 섹스의 쾌감 등과는 별 관계가 없기 때문입니다.

따라서 클리토리스의 크기가 클수록 성적인 자극에 민감하다는 속설도 전혀 근거가 없는 말입니다. 이 같은 속설이 생긴 것은 애무를 받거나 성적으로 흥분하면 남자의 발기처럼 클리토리스도 팽창을 하는 성질을 지니고 있다는 사실을 잘못 받아들인데 따른 착각이라고 여겨집니다. 실제로 클리토리스의 그 크기는 남성 성기와는 비교할 수 없을 정도로 작지만, 그 팽창률은 페니스 보다 훨씬 커서 평균적으로도 거의 30% 정도 팽창하며, 어떤 여성은 2배 이상이나 팽창하는 경우도 있습니다.

그렇지만 mm로 따질 정도의 크기인 만큼 그 팽창이 대단한 것은 아닙니다. 커져 봐야 5mm도 늘어나지 않는 것입니다. 또한 정말로 큰 편이 「감도」가 좋다고 하더라도 클리토리스의 크기 차이라고 해 봐야 기껏 2~3mm 정도에 불과할 텐데, 차이가 나면 얼마나 나겠습니까?

더구나 그 크기를 일일이 확인하기도 어려운 일일텐데, 어떻게 확인할 수 있을지….

뭐, 피차 그 확인 작업 자체가 즐겁다면야 말릴 일은 아니겠지요.

# 남자도 불감증이 있나요?

최근 남편이 별로 느낌이 안 난다고 합니다. 사정은 정상적으로 이루어지지만 별로 쾌감이 없다는 겁니다. 남자에게도 불감증이란 게 있는 건가요?

# 행복은 성적순!

여성에게 조루라는 말을 쓰지 않듯이 남자에게는 불감증이라는 말을 거의 쓰이지 않습니다. 사정 장애라고 하여 사정을 잘 하지 못하거나 혹은 발기가 잘 안 되는 경우는 있지만 남성에게는 「사정 = 절정」이기 때문에 별 느낌이 없다고 해도 사정을 했으면 불감증이라고 하지는 않는 것입니다. 실제로도 병에 걸린 것이 아니라면 사정을 하면서 조금이라도 쾌감을 느꼈을 터입니다.

문제는 그 쾌감의 강도가 예전처럼 강렬하지 않고, 그저 그렇다고 느껴지는 데 있다고 하겠습니다. 이것은 사정에 작용하는 근육들이 힘을 잃어서 생기는 현상일 수도 있지만, 그 보다는 정신적인 문제일 경우가 많습니다. 아무리 고급스럽고 맛있는 음식이라도 매일 매일 먹다 보면 질리는 것처럼 사정의 쾌감도 그와 마찬가지라고 할 수 있는 것입니다. 사랑하는 아내라고 하더라도 오래 부부로 살면서 거의 비슷한 패턴의 섹스만을 하다 보면 질리게 되므로 차츰 처음에 느꼈던 쾌감이 사라질 수 있습니다. 그래서 쾌감을 느끼지 못하게 되었다고 생각할 수 있는 것입니다.

　그래서 일본의 옛속담에 「마누라와 다다미(장판)는 새 것일수록 좋다」는 말이 있다고 합니다. 피차 나이를 먹으면서 육체적인 매력을 잃어가는 것은 어쩔 수 없지만, 그렇다고 해서 그냥 포기하고 산다면 그것만큼 어리석은 일도 없을 것입니다. 침실 분위기를 바꿔본다든가, 섹스에 대한 전문 서적을 함께 보고 의견을 나눠본다든가 하는 식으로 보다 적극적인 대화를 나눠 보십시오. 아울러 항문 조이기처럼 사정 근육을 단련시키는 운동을 한다면 예전의 쾌감을 충분히 되살릴 수 있을 것입니다.

　행복은 성적(成績)순이 아니라는 말이 있습니다. 그렇지만 쾌감을 살리기 위한 공부를 열심히 하다 보면 성적(性績)이 올라가기 마련. 그리고 그 성적이 올라가면 행복도 올라가는 법이랍니다.

## 발목이 가늘면
## 조임새도 좋은가요?

늘씬한 다리, 특히 가는 여성의 발목을 보면 섹시하기 이를 데 없습니다. 발목이 가늘면 그곳의 조임새도 좋다는 말이 맞을 거라는 생각이 듭니다. 실제로는 어떤가요?

## 보기 좋은 것이
## 맛도 있다는 말이 있듯이

예로부터 질의 조임새는 명기(名器)의 첫 번째 조건으로 되어 있습니다. 그 조이는 것은 여성이 쾌감을 느낄 때 무의식중에 조여지는 것과 자신과 남성의 쾌감을 높이기 위해 의식적으로 조이는 것 두 가지가 있습니다.

그런데 어느 쪽이든 그 조임새는 근육(괄약근)의 발달에 따라 강약이 정해집니다. 질 자체는 상당한 신축성이 있지만 근육처럼 힘이 들어가지 않기 때문입니다. 그러므로 질의 조임새를 결정하는 근육은 항문을 조이는 훈련 등을 통해 단련이 가능합니다.

발목의 근육은 질의 조임새에 작용하지 않으므로 가는 발목 또한 명기와 관계가 없다고 할 수 있습니다. 그러나 다리 근육의 발육은 분명하게 조임새에 영향을 미치므로 전혀 무관하다고 말할 수만은 없을 것 같습니다. 가는 발목에서부터 탄력 있어 보이는 허벅지, 그리고 위로 착 달라붙은 듯한 힙으로 이어지는 선은 그대로 군살 없는 근육을 의미하기도 하므로 그런 각선미 안에서 발목이 가늘다는 것은 좋은 성감으로 연결될 가능성이 높다고 해도 크게 틀리지 않을 것입니다.

　물론 발목만 가는 것이 아니라 다리 전체가 젓가락처럼 앙상하다면 이야기가 다릅니다. 앙상한만큼 근육도 없어서 힘을 못 쓸 것이기 때문이지요. 여성의 각선미(脚線美)는 각선미(脚線味)를 의미하기도 하는 것입니다.

## 아이를 낳으면 성감이 높아지나요?

불감증이라고 할 정도는 아니지만, 그렇게 강렬한 느낌은 받은 적이 없습니다. 그런데 친구들이 아이를 낳고나면 달라진다고 하더군요. 정말 그런가요?

## 아이의 선물이라고나 할까요?

생리학적으로 보면 여성의 오르가슴은 이해하기 힘든 부분입니다. 정자를 질 속에 집어넣기 위해서 수축이 필요한 것은 남자뿐이며, 난자는 한 달에 한 번, 배란기에 자연스럽게 난소에서 자궁으로 내려오기만 하면 되기 때문입니다.

오히려 임신만을 생각한다면 오르가슴이 수태에 방해가 될 수도 있습니다. 오르가슴에 동반되는 질의 파동은 자궁에서 아래쪽을 향하여 일어나기 때문에 질을 밀어 올린다기보다는 정액을 바깥으로 밀어내려 하기 때문입니다. 그럼에도 불구하고 환경만 마련된다면 여성의 오르가슴은 길고 강하면서 때로는 연속적으로 일어납니다. 그러므로 여성의 오르가슴은 조물주의 선물이라고 밖에는 설명할 수 없다는 학자의 말에 고개를 끄덕이지 않을 수 없기도 합니다.

대신 여성의 오르가슴은 남자처럼 간단하게 느낄 수 있는 것이 아닙니다. 어느 정도의 성 경험이 필요하며, 몸과 마음의 준비가 갖추어지지 않으면 쉽게 체험할 수 없는 경지이기도 한 것입니다. 그런데 때

때로 출산이 그러한 경지로 올라가는 사다리 역할을 해 주는 경우를 많이 볼 수 있습니다.

이렇게 출산 후에 여성의 성감이 증가하는 이유는, 우선 신체적으로 임신하면 골반부가 확대되기 때문에 모세관이 새롭게 형성되어 성기에 분비물이 많아지며 이것이 오르가슴의 강도를 높여주기 때문입니다. 또 출산 자체가 성기의 혈액 순환을 촉진시켜 주기도 합니다. 따라서 출산한 여성 쪽이 아이를 낳지 않은 여성보다 오르가슴 때의 질 수축이 강하게 나타납니다.

한편으로는 출산이 여성이 지닌 성에 대한 잠재의식을 해방시켜 주는 역할을 함으로써 보다 솔직하게 섹스를 느낄 수 있게 만들어주기 때문에 쉽게 오르가슴을 느끼게 된다고 설명하는 학자도 있습니다.

어느 쪽이든 간에 출산 직후를 제외한다면 여성의 성감이 높아진다는 것은 분명한 사실입니다. 간혹 아이가 잠에서 깨어 「한참 때」를 방해하는 경우가 있기는 해도 성감의 증가는 오랫동안 참아야 했던 엄마와 아빠에 대한 아이의 선물이라는 해도 좋을 것 같습니다.



2001년에 SBS 방송국에서는 토요스페셜 「아름다운 성(性)」이라는 프로그램을 위해 30대 주부 160명을 대상으로 「언제 처음 오르가슴을 느꼈는지」에 대한 설문 조사를 벌인 바 있다.

그 결과, 「신혼 때」라는 응답은 의외로 19%에 불과했으며, 거의 절반에 가까운 47%의 여성이 「출산 후」라고 대답했다. 여기에는 「둘째 아이 출산 후」라는 응답도 전체의 12%나 되었다.

# 까마면 밝힌다던데요?

유두나 성기가 검은 여성은 유난히 밝혀서 그렇다는 말이 있더군요. 정말로 그런가요?

# 손때 타는 곳도 아닌데…

여성의 성기가 검은 색을 띠는 것은 지나친 섹스나 자위행위 탓이라고 생각하는 사람이 많은 모양입니다. 하지만 그것은 명백한 편견입니다.

어린 나이의 여성보다는 나이를 먹은 여성 쪽이 더 짙은 색상을 띠는 것은 사실입니다. 나이를 먹으면서 멜라닌 색소가 늘어나 색이 검게 되기 때문입니다. 또 그러한 색에는 선천적으로 타고난 개인차가 있어서 전혀 경험이 없는 데도 검어 보이는 사람이 있을 수 있고, 사실 남보다 더 짙지 않은 데도 피부가 하얗기 때문에 유두가 더욱 검게 두드러져 보이는 경우도 있습니다.

그러나 이러한 변화는 섹스의 빈도와는 무관한 변화입니다. 실제로 유흥업소에서 일하는 몇몇 여성의 말에 따르면, 매일 남성들과 섹스를 해도 유두나 성기의 색깔에 끼치는 영향은 거의 없다고 합니다.

손때 타는 것도 아니고, 영향이 있을 리 없는 것이지요.

너, 너무
밝히는 거
아냐?!

# Q 정액이 피부에 좋다던데…

정액이 몸에 흡수되면 호르몬 작용에 의해 피부가 좋아진다는 얘기가 있던데, 사실인가요?

# A 미인은 잠만 자서는 안 됩니다

「정액을 섹스를 통해 흡수하면 피부에 좋다」 심지어 「정액을 마시거나 바르면 피부가 매끄러워진다」는 속설도 있습니다. 정액은 마셔도 해가 없는 체액의 일종이지만 그렇다고 해서 어떤 약효가 있는 것도 아닙니다. 물론 피부를 매끄럽게 만들어 주는 기능도 없습니다. 「정액 = 남성 호르몬」이라는 막연한 상상 때문에 생긴 소문인 모양입니다.

그러나 섹스는 분명 피부에 좋습니다. 섹스를 하면 그 과정 중에 느끼는 쾌감과 맞물려 기분을 좋게 해주고, 자율신경계를 활성화시켜주는 도파민과 엔돌핀까지 분비되기 때문입니다. 이 물질 자체가 피부를 예쁘게 해주는 것은 아니지만 심리적 만족감을 높여주고 혈액순환을 촉진시켜 주며, 장 기능도 활성화시켜줌으로써 결과적으로 피부가 좋아지고 몸에 윤기가 흐르도록 해 준다는 것입니다. 더구나 이런 효과는 꼭 오르가슴에 다다라야 효과를 볼 수 있다거나 하는 것이 아니라서 초보자(?)도 충분히 미용 효과를 만끽할 수 있습니다.

미인은 잠꾸러기란 말이 있지만, 혼자 잠만 자는 것보다는 사랑하는 사람과의 「야간 미용 활동」도 열심히 병행하면 더 좋은 효과가 있을 수 있다는 말입니다.



　그냥 섭취하는 것만으로는 아무런 효과가 없는 정액이지만, 그 속에는 상당히 이로운 물질들도 들어있다.

　대표적인 것이 프로스타글란딘. 지금은 화학적으로 합성하여 분만촉진제·위궤양 치료약·뇌혈전증·혈관이 막혀 발가락이 썩는 난치병의 치료제 등으로 널리 활용되고 있다.

　또한 최근에는 정액 속에 인간의 노화현상을 막는 작용이 있음이 확인되어 연구 중에 있다고 한다.

# 두 번째가 오래가는 이유는?

사실 첫 번째에는 실망을 시키는 경우도 있지만, 두 번째에는 그리 애쓰지 않아도 충분히 시간을 끌 수 있습니다. 다른 사람들도 다 그렇다던데, 왜 그렇지요?

# 참을 인(忍)자 하나면…

그 설명을 위해서는 우선 남성의 사정 메커니즘에 대한 이해가 필요합니다.

페니스 피부를 통해 쉴새없이 자극이 가해지면 그 정보가 감각 신경을 통해 대뇌에 전달되면서 남성의 사정 첫 단계가 시작됩니다. 여기서 대뇌는 교감신경을 통해 다시 부고환과 정관에 수축하라는 명령을 내리게 되는데, 이로써 정자가 밀려나오기 시작합니다. 그렇지만 그 정자가 곧바로 밖으로 튀어나오는 것은 아니고 요도 뒤쪽의 폐쇄된 공간 안에 모여 압력을 형성하게 됩니다.

이렇게 정자의 압력이 높아지면 높아질수록 남자는 마치 오줌이 마려운 것처럼 터져 나오려는 느낌을 억누르기 어려워집니다. 그러다가 어느 순간에는 결국 터뜨리게 되는데, 이때 전립선, 정낭 등의 성 부속기관과 함께 구해면체 근육이나 좌골해면체 근육, 그리고 골반 근육이 발작적으로 수축하면서 사정이 이루어집니다. 그러면서 동시에 남자는 오르가슴을 느끼는 것이지요.

　　그런데 평소에 저장되어 있는 정자의 양은 정해져 있습니다. 그러므로 시간 간격을 오래 두지 않고 두 번째 섹스에 들어가면 정자의 양은 처음보다는 줄어든 상태가 됩니다. 이렇게 정자의 양이 줄어든 만큼 후부 요도로 들어가는 정자의 양도 적어지고, 적은 만큼 터져 나오려는 느낌도 절박하게 느껴지지 않습니다. 그렇기 때문에 첫 번째보다 그 뒤를 이은 두 번째 섹스에서는 사정을 참고 늦추기도 쉬운 것입니다.

　　참고로 사정을 최대한 참고 참는 것은 상대 여성을 절정에 올려놓기 위한 수단만은 아니라는 점을 기억해 둠이 좋을 듯 합니다. 남성의 쾌감은 후부 요도라는 폐쇄된 공간 내에 미량의 정자가 진입하여 만들어 내는 압력실 효과가 크면 클수록 강해지기 때문에 최대한 참아서 그 압력을 높이 끌어올릴 수 있다면 최대의 오르가슴을 느낄 수 있는 것입니다.

　　참을 인(忍) 세 글자면 사람도 살린다고 하지만, 한 글자만 되어도 두 사람이 즐거울 수 있는 겁니다.

# 멀티 오르가슴

"높은 공간에 떠 있는 기분이 되어 내 몸이 산산이 부서지면서 별처럼 흩어지는 것 같고, 내가 없어지는 듯한 느낌이 들었다. 슬픔도 기쁨, 욕망도 없는 상태라고 할까? 존재가 있다 없다가 아닌 없는 상태....."

"두 사람 모두 현재의 이 자리가 아닌 다른 어느 곳에 가 있는 기분이었다. 내 몸은 먼 우주 진공 속에 떠다니는 미세한 입자의 상태인 것 같기도 하고 우주 그 자체인 것 같기도 했다."

탤런트라는 신분에서 성에 대한 솔직한 이야기를 과감하게 끄집어내어 한때 화제가 되었던 서갑숙 씨의 책에 실려 있는 멀티 오르가슴을 묘사한 문장이다. 오르가슴이라는 것이 워낙 주관적이 것이라서 아무리 글 솜씨가 뛰어나다 해도 그 감각을 누구나 공감할 수 있게 묘사하기란 힘든 일이겠지만, 하여간 이로 인해 시중에는 멀티 오르가슴이라는 말이 많은 사람들의 입에 오르내리게 되었다.

일반적으로 오르가슴이란 남녀가 성 관계를 가질 때 느끼는 절정감, 쾌감을 이르는 말이다. 누군가는 오르가슴에 대해, '처음에는 약하지만 어쩐지 기분이 좋아지고 절정에 다가감에 따라서 전신의 신경이 모두 성기(여성의 경우 클리토리스)에 집중되면서 몸 전체에 느긋한 기분이 확산되어 힘이 쭉 빠지는 듯한 허탈감을 느낀다'라고 표현하기도 했다. 성행위가 절정에 달했을 때 팽창된 근육과 신경이 폭발하는 순간의 압도적인 쾌감을 표현한 것이다.

사실 남성의 쾌감은 여성에 비하면 상당히 간단하고도 짧기 때문에 그 느낌을 이해하기란 도저히 불가능한 일인지도 모른다. 또한 여성의 절정은 남성보다도 다양한 방식으로 다가온다. 남성의 성기 삽입에 의한 오르가슴만 있는 것이 아니라는 말이다. 자위행위는 물론이고 간단한 키스, 애무 정도로도 여성은 오르가슴에 이를 수가 있다. 즉 여성은 촉각적인 자극에 의해 성충동을 느끼는 것이 보통이다. 그리고 남성이 오르가슴 후 일정 기간은 성적 자극에 반응하지 않는 구조로 되어 있는 것과는 대조적으로 여성은 오르가슴 후에도 몇 번의 자극에 의해 다시 오르가슴을 느낄 수 있다. 이것이 바로 멀티 오르가슴인 것이다.

서갑숙 씨의 책에는 그 외에도 「9시간의 정사」라는 대목이 있었다. 멀티에 9시간이라니!

뭇 남성들을 당황하게 만들기에 충분한 말이 아닐 수 없었다. 물론 「9시간의 정사」라고 해도 그것이 실은 왕복 운동을 의미하는 것이 아님을 알면 남성들이 기죽을 일은 아니다. 또 많은 여성들도 9시간이니 멀티니 하는 정도까지는 바라지도 않을 것이다.

그러나 그런 말이 화제에 오른다는 것은 남성과 여성 모두가 서로의 쾌감에 드러내놓고 관심을 가지고 있음을 의미한다는 점을 지나쳐버려서는 안 될 것이다.

얼마 전 20대 중반의 한 주부로부터 인터넷 상담을 요청 받았다. 대학 때부터 클리토리스를 자극하는 자위를 했으며, 결혼 후에도 남편이 클리토리스를 자극해야만 오르가슴을 느낀다는 것이었다. 그로 인해 성기 삽입만으로는 별 느낌을 받지 못하고 있는데, 그렇다고 매번 남편에게 요구할 수도 없어서 불만스럽게 끝이 난다는 이야기였다. 그리고 이러다 부부 관계 자체가 시들해질까 봐 걱정된다며 조언을 부탁해 왔다.

이런 분처럼 그나마 자위 행위로 오르가슴에 도달할 수 있다는 것은 다행스런 일이다. 적어도 불감증이 되지는 않을 가능성이 많으며, 남편과의 노력(클리토리스에 자극을 더 줄 수 있는 체위의 응용)에 의해 얼마든지 극복될 수 있을 것이다. 더구나 은밀한 성적 고민을 전문가에게 상담하는 신세대 신부의 지혜로움이라면 능히 해결할 수 있으리라 생각되었다. 그래서 우선은 성 관계 시에 자신의 솔직한 느낌을 표현한다면 많은 도움이 될 것이라고 조언해 준 적이 있다.

이러한 경우는 물론이고, 남성 자신에게 발기장애가 있다든지 조루증과 같은 사정 장애가 있다면 감출 일이 아니라 적극적인 도움을 찾아 나서야 한다. 남들이 보지 않는 밤에 이루어지는 일이지만, 그것이 그 커플과 개인의 하루하루에 얼마나 큰 영향을 미칠 수 있는지 솔직하게 인정해야 할 일이다.

더구나 현대의 의학 기술은 언제라도, 얼마든지 해결 가능하게끔 만들 수 있는 방법들을 준비해 놓고 있다. 도움이 필요하다 싶을 때에는 전문가인 의사를 찾아 의논해 보기를 권하고 싶다. 최소한의 투자이지만, 이익은 깜짝 놀랄 정도로 만족스러운 것일 수도 있다.

알아서 남 주나

초판 인쇄 2002년 5월 22일
초판 발행 2002년 5월 27일
저자 한지엽
그림 김진태
발행인 김정열


(주)엔북
121-840 서울 마포구 서교동 405-15 2층
http://www.nbook.seoul.kr
전화 02-334-2862
팩스 02-335-7014
메일 goodbook@nbook.seoul.kr


등록 제10-2110호
ISBN 89-89683-10-6 03400

값 8,000원